# 鸡胚发育彩色图谱

赵月平　主编

中国农业科学技术出版社

图书在版编目（CIP）数据

鸡胚发育彩色图谱 / 赵月平主编. —北京：中国农业科学技术出版社，2020. 2

ISBN 978-7-5116-4609-5

Ⅰ. ①鸡… Ⅱ. ①赵… Ⅲ. ①鸡胚－胚胎发生－图谱 Ⅳ. ①S831.1-64

中国版本图书馆 CIP 数据核字（2020）第 023332 号

责任编辑　张国锋
责任校对　李向荣
出 版 者　中国农业科学技术出版社
　　　　　北京市中关村南大街12号　邮编：100081
电　　话　（010）82106636（编辑室）　（010）82109702（发行部）
　　　　　（010）82109709（读者服务部）
传　　真　（010）82106631
网　　址　http://www.castp.cn
经 销 者　各地新华书店
印 刷 者　北京建宏印刷有限公司
开　　本　787mm×1092mm　1/16
印　　张　3.5
字　　数　90千字
版　　次　2020年2月第1版　2020年2月第1次印刷
定　　价　30.00元

《鸡胚发育彩色图谱》

## 编写人员名单


主　　编　赵月平

副 主 编　曹春梅　吴淑琴　许利军

编　　者　（按汉语拼音排序）

曹春梅　河北北方学院

程玉芳　河北北方学院

刘立文　河北北方学院

秦睿玲　河北北方学院

吴淑琴　河北北方学院

许利军　保定市畜牧工作站

赵月平　河北北方学院

审　　阅　闫贵龙　河北北方学院

# 前 言

家禽的人工孵化是现代家禽生产的重要环节，也是高等农业院校动物科学专业《家禽生产学》课程教学内容的重要组成部分。同时，家禽业的发展必须要有充足的雏禽供应，而人工孵化技术既可以提高禽蛋的孵化率又可以满足市场需求。

本书所用图片是作者历时5年，经过多次反复孵化、拍摄，从几万张照片中精心挑选出来的。在这5年的孵化和拍摄过程中，得到了学校和教研室多名老师的指导和支持以及2011级~2016级动物科学专业部分学生的帮助；该书的出版也得到了河北北方学院的大力支持和资助，在此一并表示感谢。我们本着对学生和读者高度负责的精神来撰写本书，但因摄像技术、拍摄设施设备和器材有限，不当之处在所难免，深望同行专家和读者不吝指正。

编 者

2019年11月

# 目 录

# 胚珠和胚盘

胚珠是未受精的卵子（次级卵母细胞）在蛋形成过程中不分裂，剖视可见蛋黄表面有一白色小圆点，它不能孵化出小鸡，见图1和图2。胚盘是受精后的卵细胞在蛋形成过程中，经过多次分裂，形成的中央透明、周围较暗的盘状结构，见图3和图4。

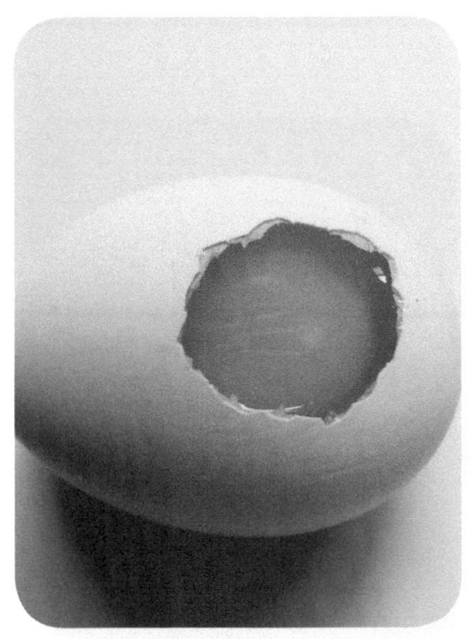

图1　胚珠（1）

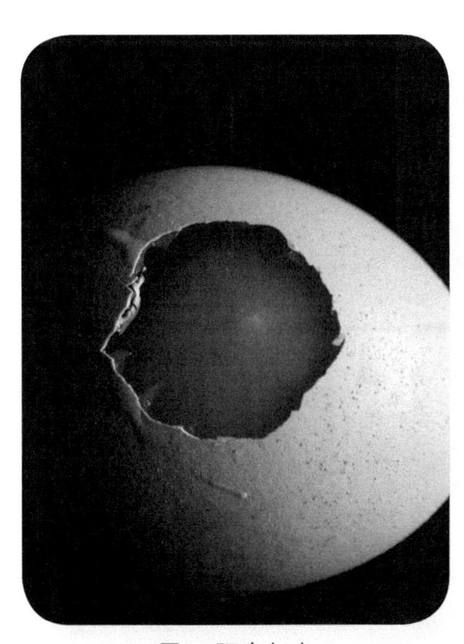

图2　胚珠（2）

图3　胚盘（1）

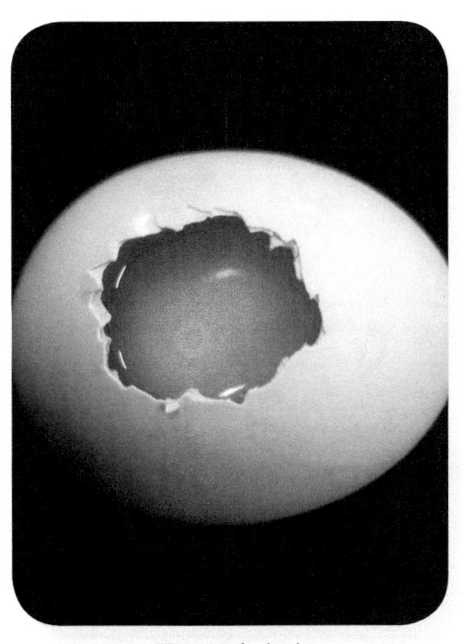

图4　胚盘（2）

## 0 胚龄

新鲜鸡蛋，蛋内水分充足，蛋白系带完整，弹性较大，俯视照蛋时可见蛋通体透亮，蛋黄阴影在蛋中央，位于蛋大头的气室很小，见图5。正视时，是从蛋的小头加的光源，气室几乎看不见，蛋黄阴影相对靠上，见图6。侧视时，蛋黄阴影也相对靠上，气室清晰可见，见图7。

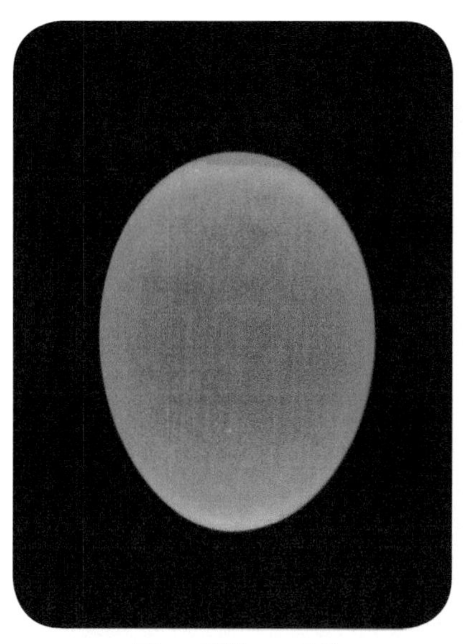

图5　0胚龄——俯视

图6　0胚龄——正视

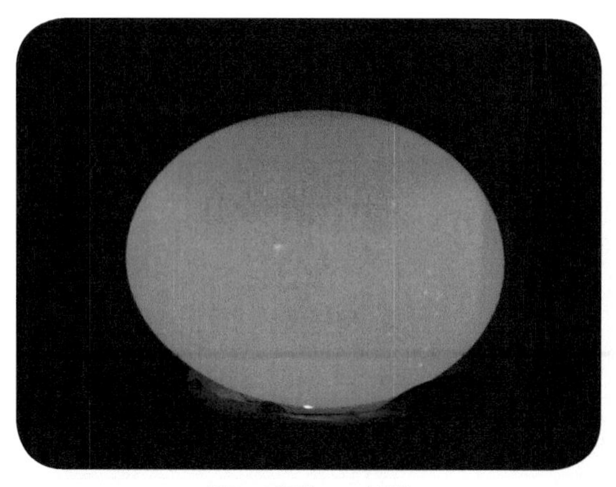

图7　0胚龄——侧视

## 1 胚龄

孵化24h时，由于蛋内水分蒸发，蛋白系带发生变化，照蛋时蛋黄阴影范围缩小或偏向大头，气室变化不明显，见图8～图10。剖视时可见增大的胚盘，见图11～图12。

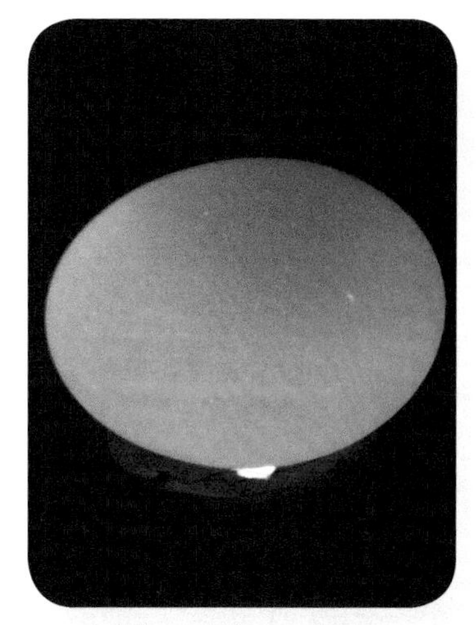
图8　1胚龄——侧视

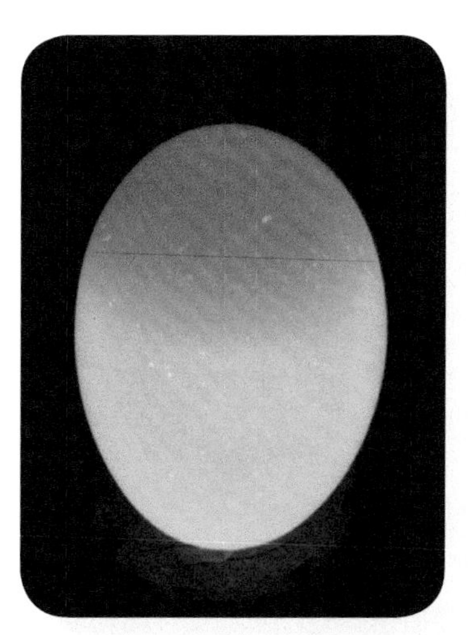
图9　1胚龄——正视

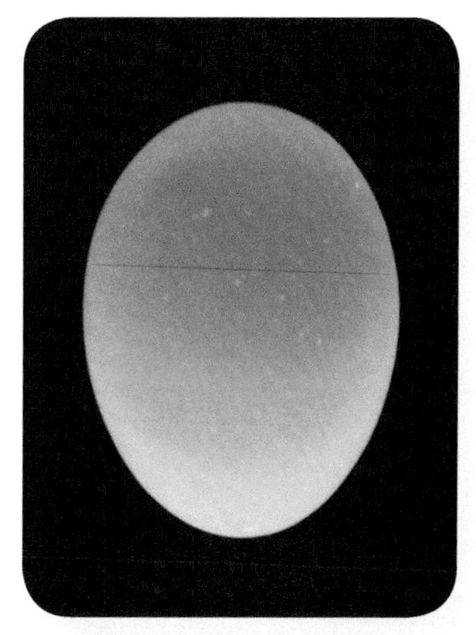
图10　1胚龄——俯视

图11　增大的胚盘1

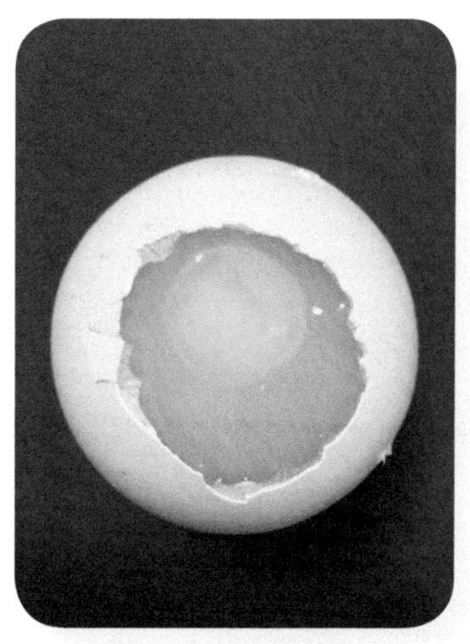
图12　增大的胚盘2

## 2 胚龄

照蛋时蛋黄阴影继续缩小，由于蛋壳的颜色和薄厚会影响看到的图像形态，所以有的可见蛋黄阴影小，偶尔在蛋黄中央可见胚胎头部雏形。卵黄囊、羊膜、绒毛膜开始形成。剖视可见卵黄囊血管区形似樱桃，胚体透明，可见小红点为胚胎心脏，见图13～图17。图16的个体比图17的个体发育好，能看到血管网。

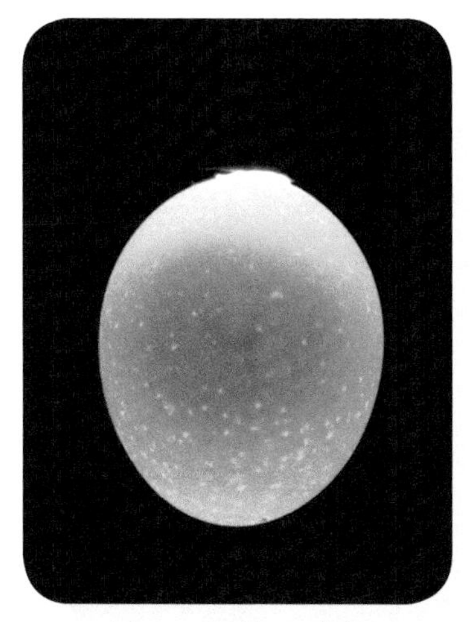

图13　2胚龄——俯视

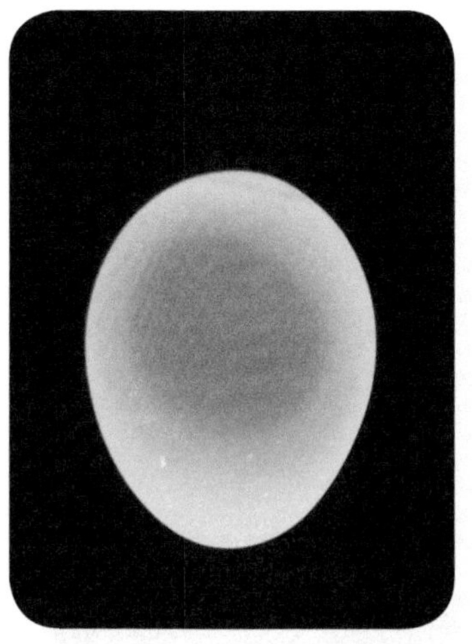

图14　2胚龄——俯视

图15　2胚龄——正视

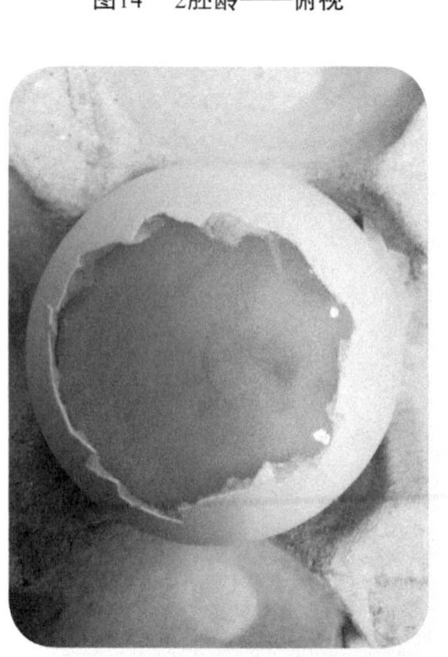

图16　2胚龄——剖视1

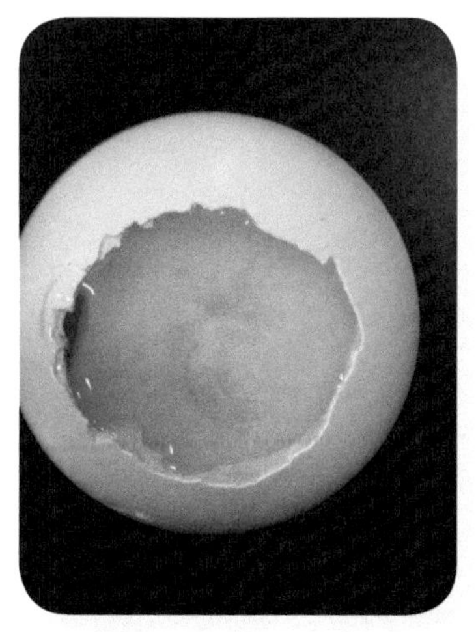

图17　2胚龄——剖视2

## 3 胚龄

照蛋可见胚胎和卵黄囊及其血管继续扩大，形似蚊子，俗称“蚊虫珠”。剖视可见跳动的心脏和细小的血管，见图18～图21。

图18　3胚龄——俯视1

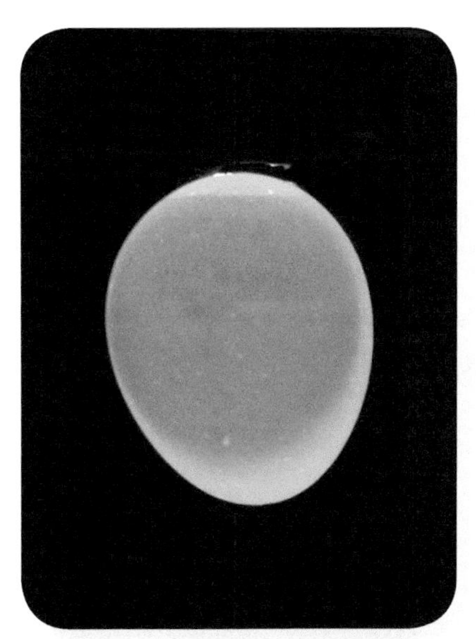

图19　3胚龄——俯视2

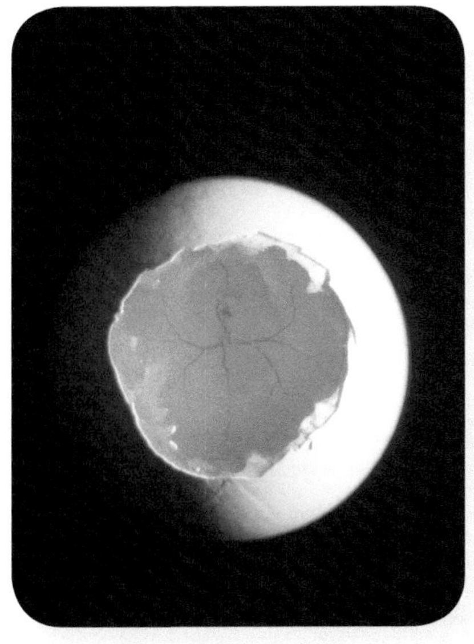

图20　3胚龄——剖视1

图21　3胚龄——剖视2

## 4 胚龄

照蛋时在蛋黄阴影上可见胚胎和卵黄囊血管形似蜘蛛，俗称“小蜘蛛”。不同胚蛋的胚胎发育不完全相同，血管的粗细和稀疏略有不同，但形态均像结网的蜘蛛，见图23～图26。剖视可见卵黄囊及其血管包围了蛋黄达1/3，胚胎和蛋黄分离，胚胎头部明显增大，胚体更为弯曲以及跳动的心脏和面积变大的血管，但此时血管比较纤细和稀疏。裸胚可见四肢胚芽和灰色眼点，见图22。

图22　4胚龄——裸胚

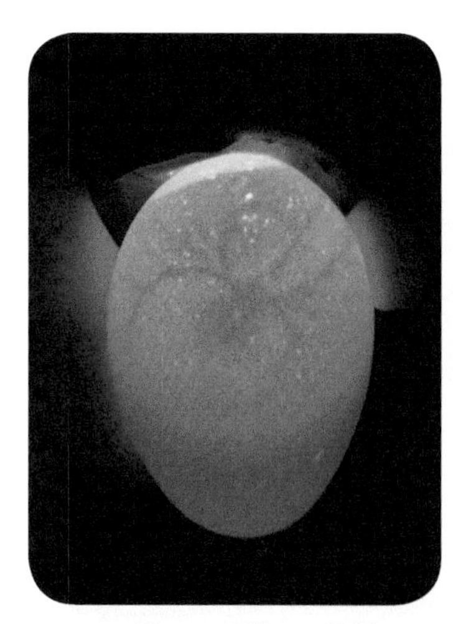

图23　4胚龄——俯视

图24　4胚龄——俯视

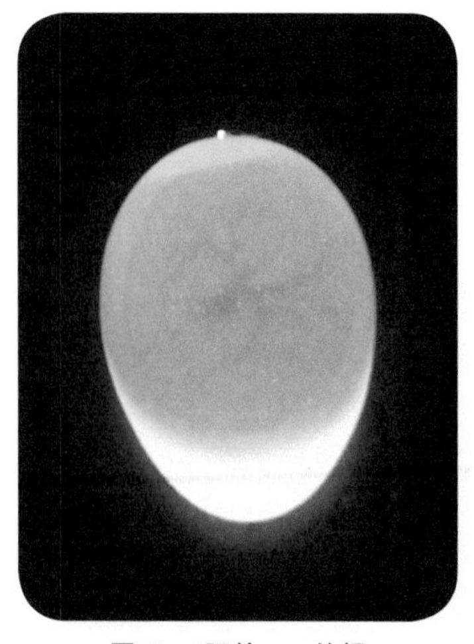

图25　4胚龄——俯视

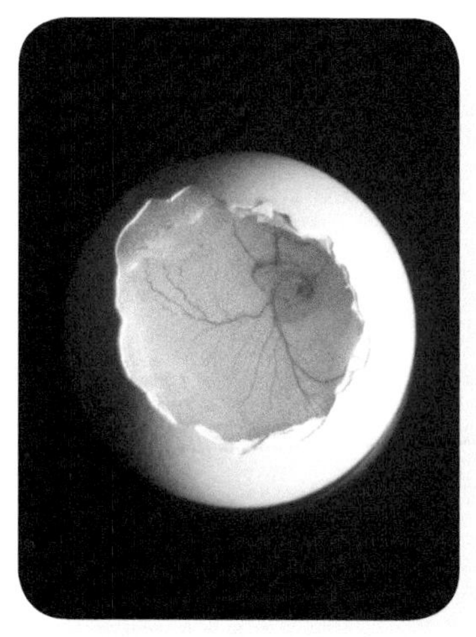

图26　4胚龄——俯视

## 5 胚龄

卵黄囊血管继续扩大，眼的色素大量沉积，照蛋时正面明显可看到黑色眼点，俗称“黑眼”或“单株”；背面看不见胚胎，但可见胎膜沿着蛋的纵径向小头延伸，背面血管纤细。剖视可见弯曲的胚体、黑色眼睛和跳动的心脏，卵黄囊血管区域比4胚龄更大，血管变粗变密，见图27～图30。

图27　5胚龄1正面——正视

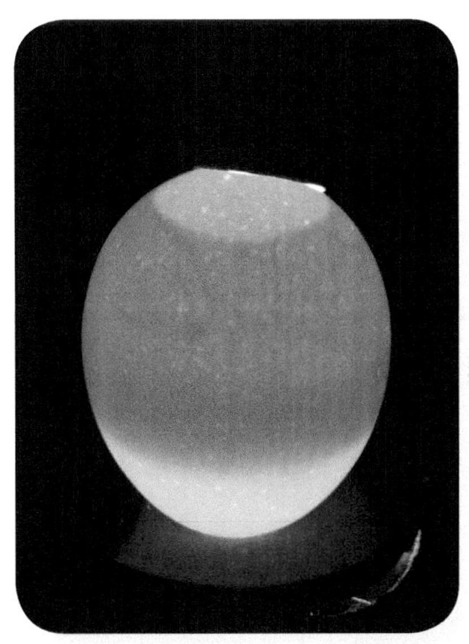

图28　5胚龄1背面——正视

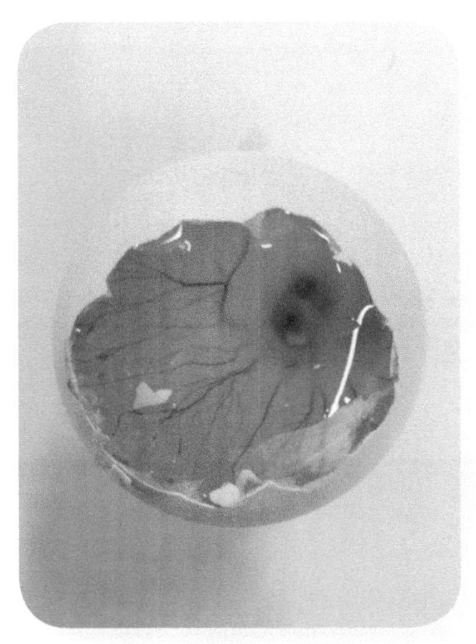

图29　5胚龄——剖视1

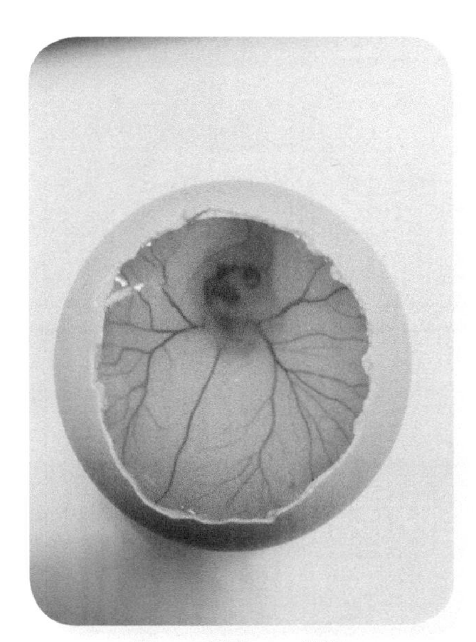

图30　5胚龄——剖视2

裸胚可见大脑包、黑色眼睛、四肢雏形，见图31。

照蛋正视和俯视时胚胎正面均可见头部较大的“C”形胚体和黑色的眼睛。血管以胚体为中心向四周延伸，见图32～图34。

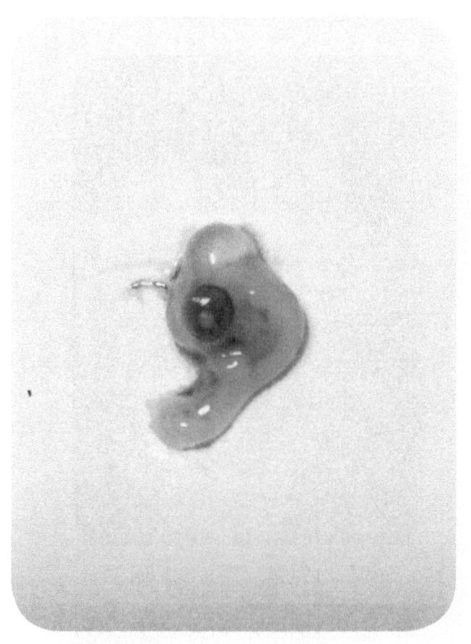

图31　5胚龄裸胚

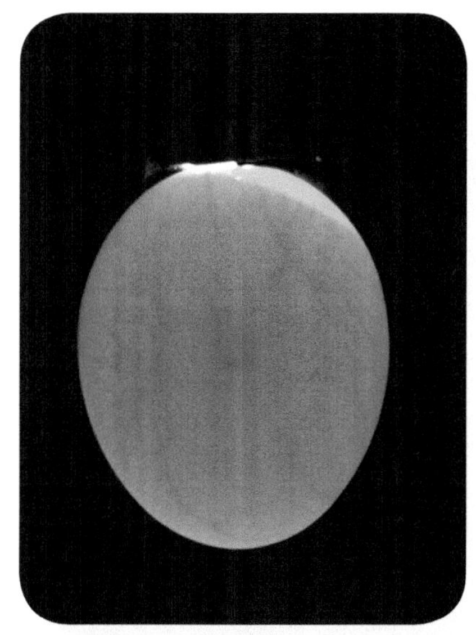

图32　5胚龄2正面——正视

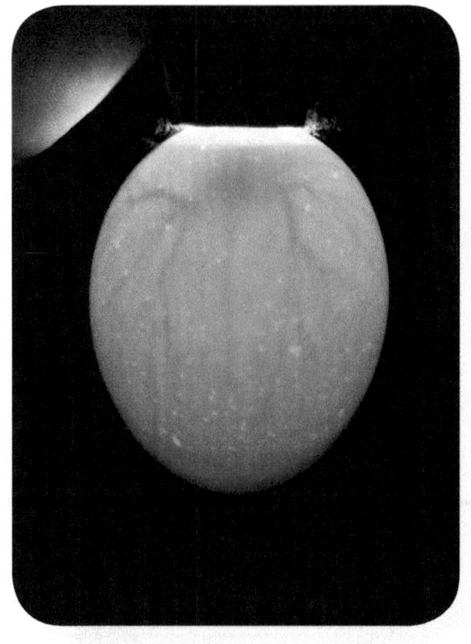

图33　5胚龄3正面——俯视

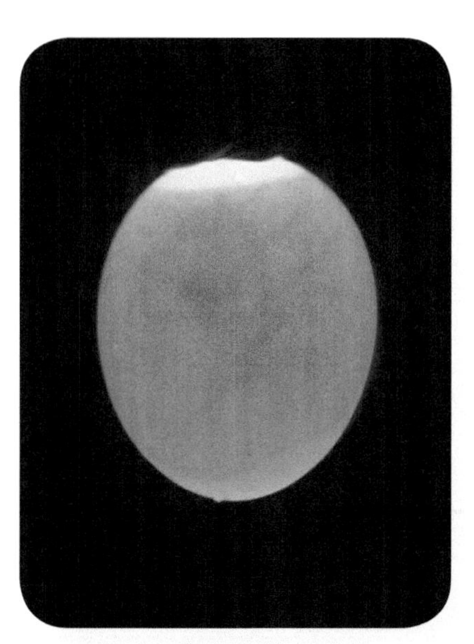

图34　5胚龄4正面——俯视

# 6 胚龄

照蛋正面可见头部和增大的躯干形成两个圆点，俗称“双珠”，胚蛋背侧面可见胎膜继续沿着蛋的纵径向小头延伸，正面、背面血管均明显比5胚龄粗、密，见图35～图42。剖视可见卵黄囊血管包围蛋黄达1/2以上，弯曲变大的胚体、黑色眼睛、跳动的心脏，卵黄囊血管变粗变密。胚胎躯干增长，喙和破壳齿开始形成，翅和脚已可区分，大脑包很明显，见图43～图44。

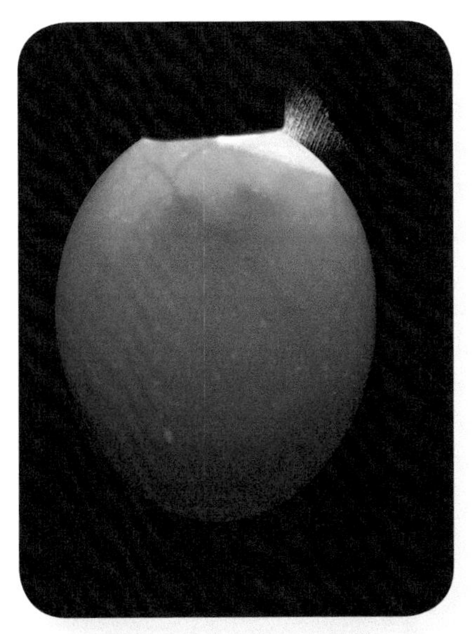

图35　6胚龄1正面——俯视

图36　6胚龄1背面——俯视

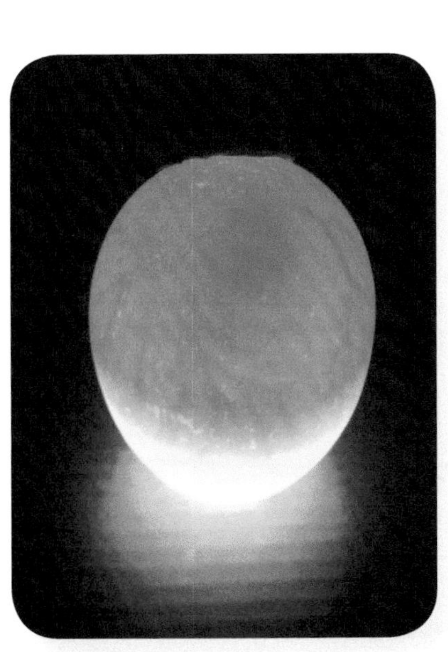

图37　6胚龄2正面——正视

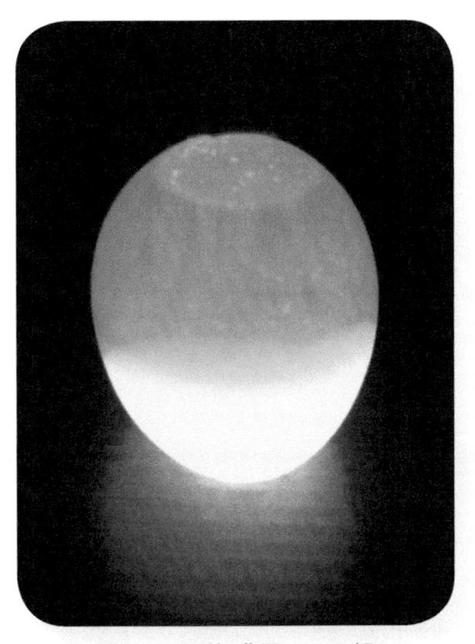

图38　6胚龄2背面——正视

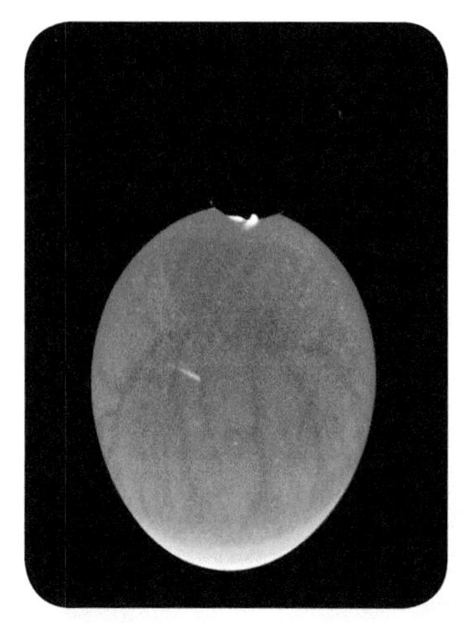

图39　6胚龄3正面——正视

图40　6胚龄3背面——正视

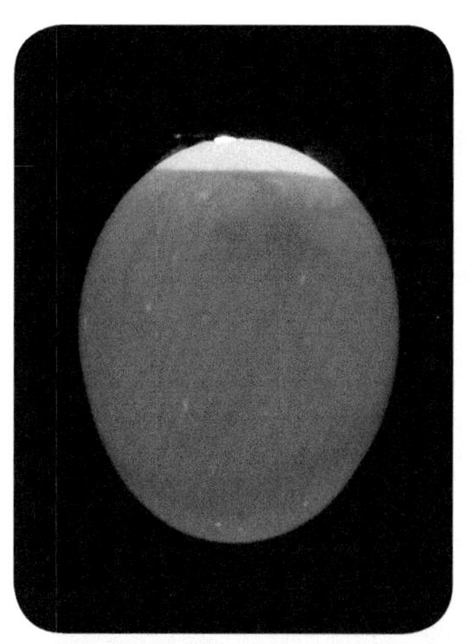

图41　6胚龄4正面——俯视

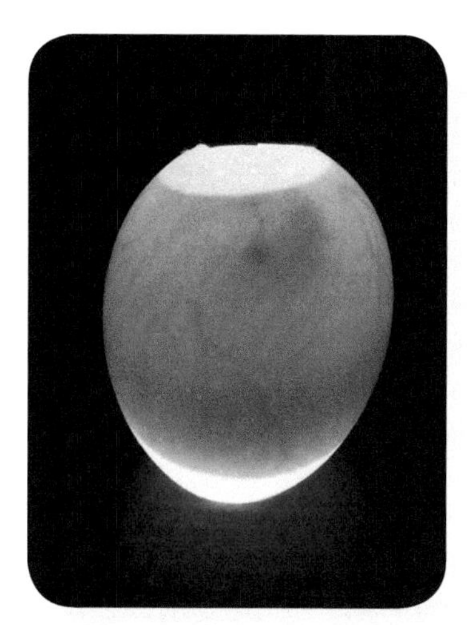

图42　6胚龄5正面——正视

图43　6胚龄——剖视

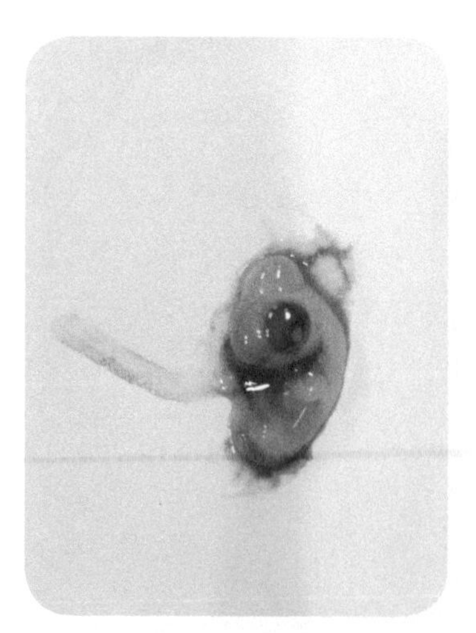

图44　6胚龄裸胚

# 7 胚龄

照蛋时正面的血管较背面的粗密，分布范围大。正、背面血管均比6胚龄的血管密和粗。剖视可见胚胎出现鸟类特征，颈伸长，跳动的心脏、眼睛和主动脉血管，翼和喙也明显，胚胎在羊水中不容易看清。观察裸胚时心跳、四肢、眼睛、喙都很明显，大脑包缩小，见图45～图52。

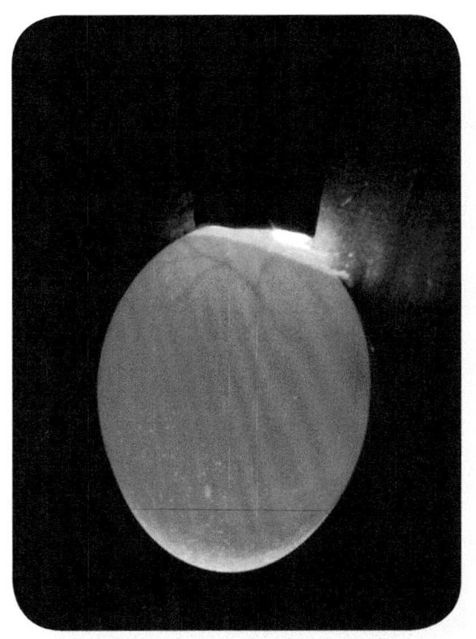

图45　7胚龄1正面——俯视

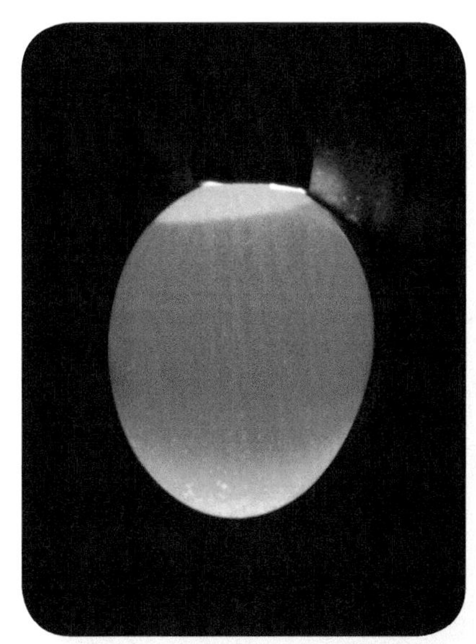

图46　7胚龄1背面——俯视

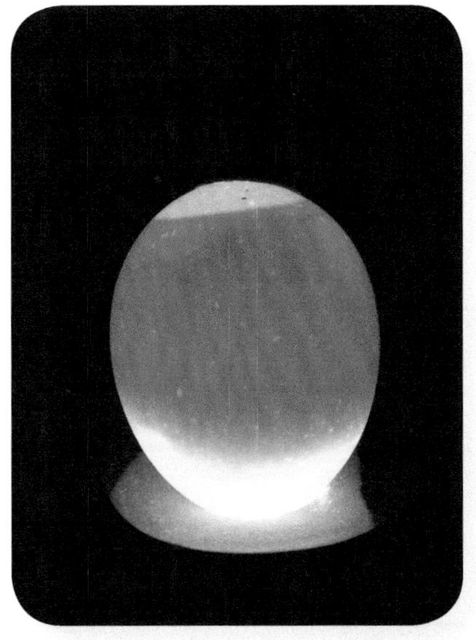

图47　7胚龄2正面——正视

图48　7胚龄2背面——正视

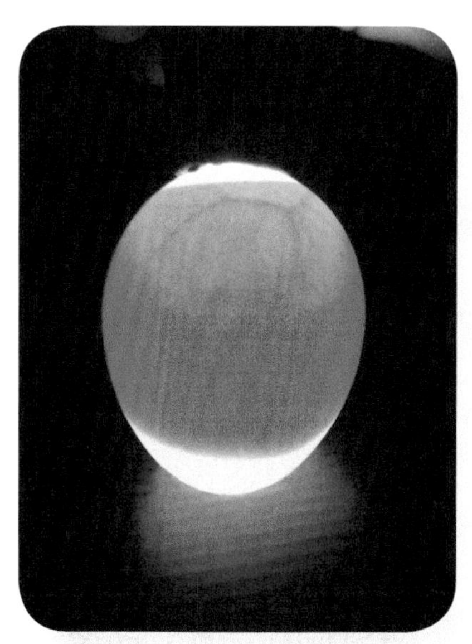

图49　7胚龄3正面——正视

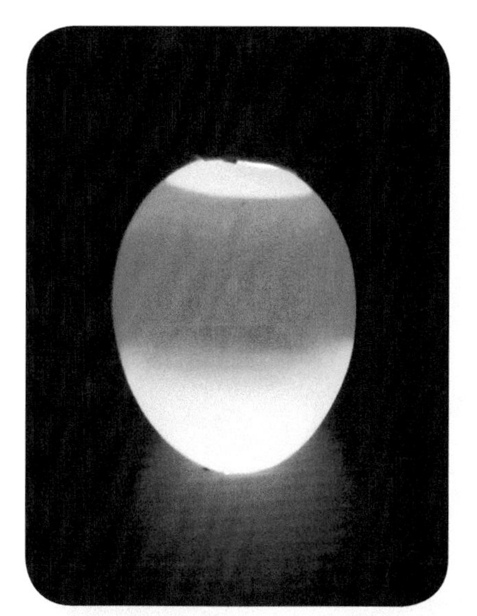

图50　7胚龄3背面——正视

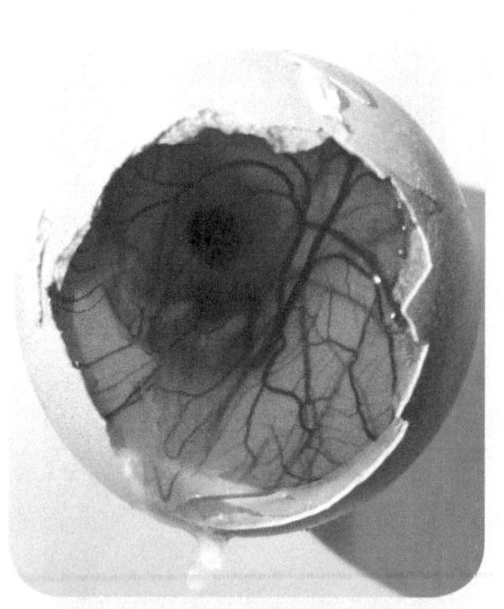

图51　7胚龄——剖视

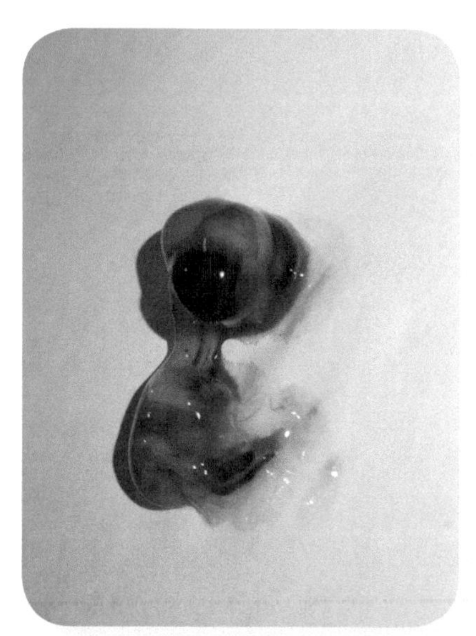

图52　7胚龄裸胚

说明：同一枚胚蛋，照蛋时光源位置和强度不同，呈现的影像会略有不同，见图53～图56。

图53　7胚龄4正面——俯视

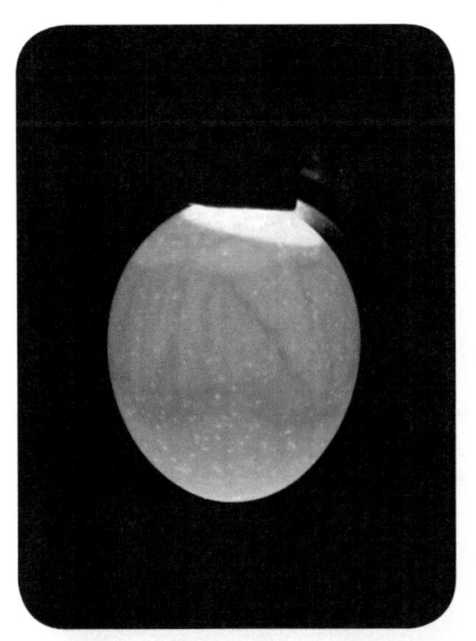

图54　7胚龄4背面——俯视

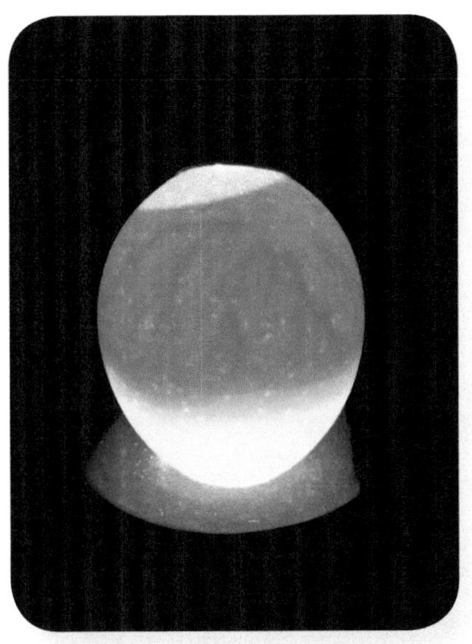

图55　7胚龄4正面——正视

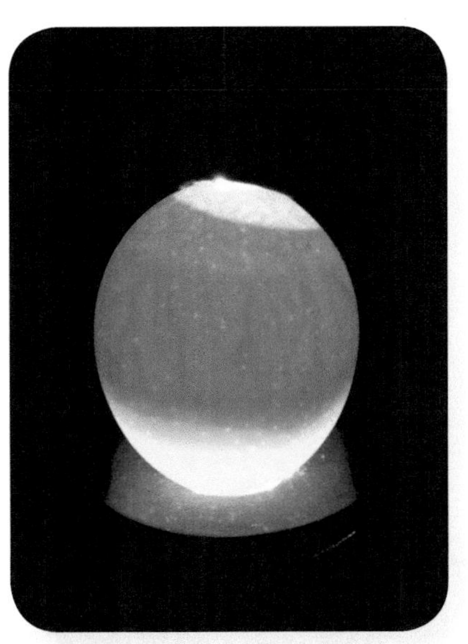

图56　7胚龄4背面——正视

## 8 胚龄

照蛋时可见胚胎在羊水中浮游，俗称“浮”。卵黄囊和尿囊接近了蛋的小头，小头透光区域越来越小，血管更粗更密。剖检时与7胚龄相比，胚胎进一步增大。照蛋时光源位置的不同或个体发育的差异，即使同一胚龄的胚蛋，蛋小头部分的无血管区域面积会略有不同，见图57～图60。

图57　8胚龄1正面——俯视

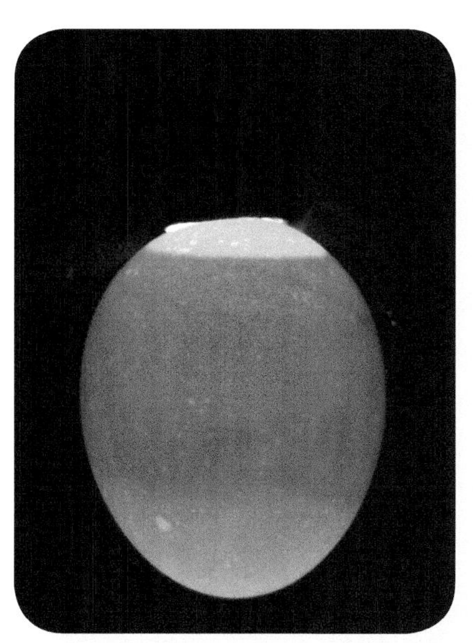

图58　8胚龄1背面——俯视

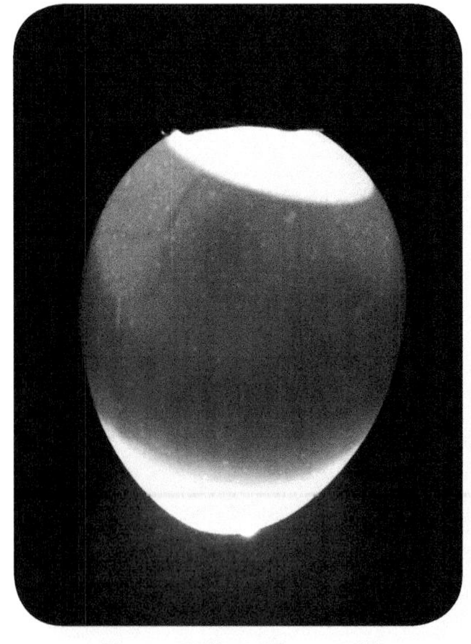

图59　8胚龄2正面——正视

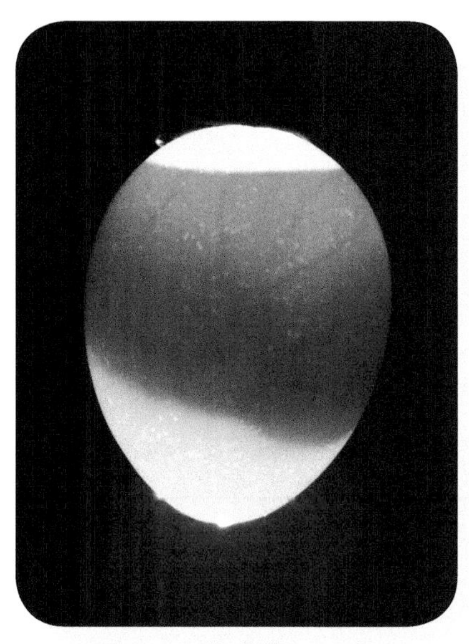

图60　8胚龄2背面——正视

胚胎血管比7胚龄密，解剖时揭去内壳膜极度容易出血。裸胚的四肢完全形成，脚趾清晰可见，上下喙明显可分辨，破壳齿也清晰可见，见图61～图64。

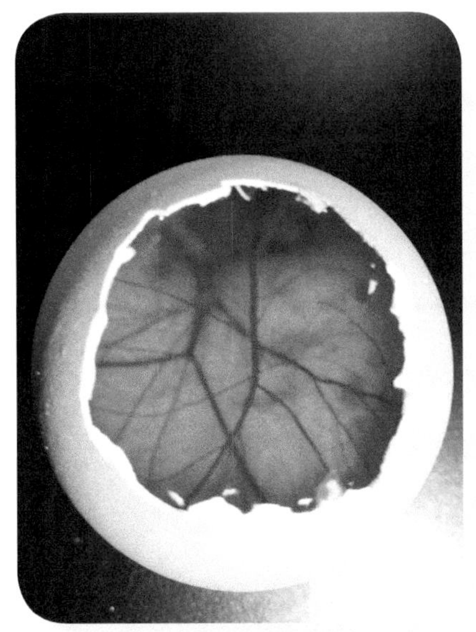

图61　8胚龄——剖视1

图62　8胚龄——剖视2

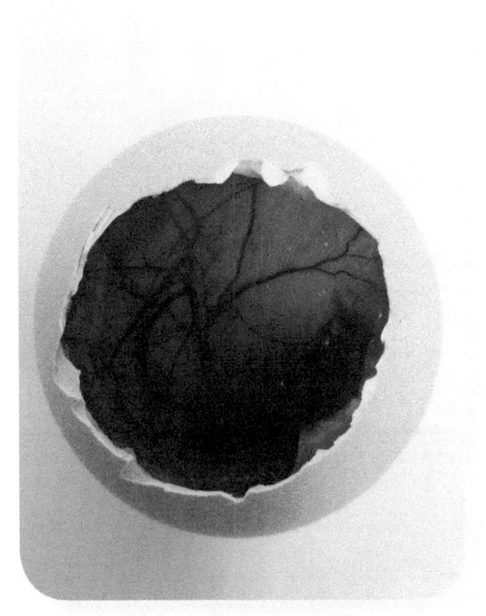

图63　8胚龄——剖视3

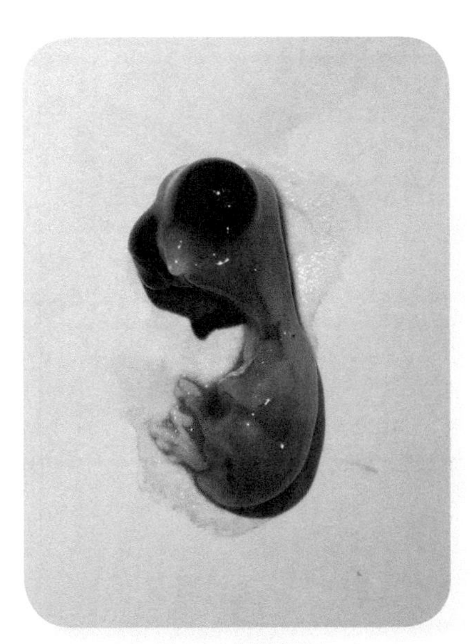

图64　8胚龄裸胚

# 9 胚龄

照蛋时胚胎正面蛋的小头布满血管，而胚胎背侧面蛋的小头有一小块区域没有血管，也就是未合拢的尿囊所呈现的造影。剖检可见，在蛋的纵径方向，尿囊超过了卵黄囊，到达了蛋的小头但未合拢；胚胎的喙开始角质化，软骨开始硬化，喙伸长并弯曲，鼻孔明显，翼和后肢具有鸟类特征。胚胎全身覆盖羽毛乳头，脚趾、爪清楚可见，见图65～图72。

图65　9胚龄1正面——俯视

图66　9胚龄1背面——俯视

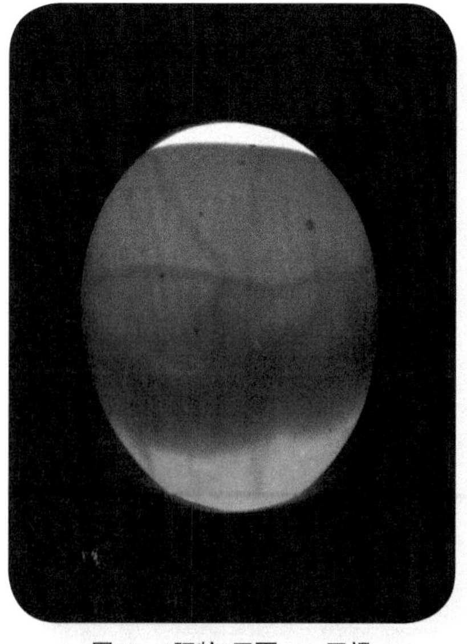

图67　9胚龄2正面——正视

图68　9胚龄2背面——正视

图69　9胚龄3正面——正视

图70　9胚龄3背面——正视

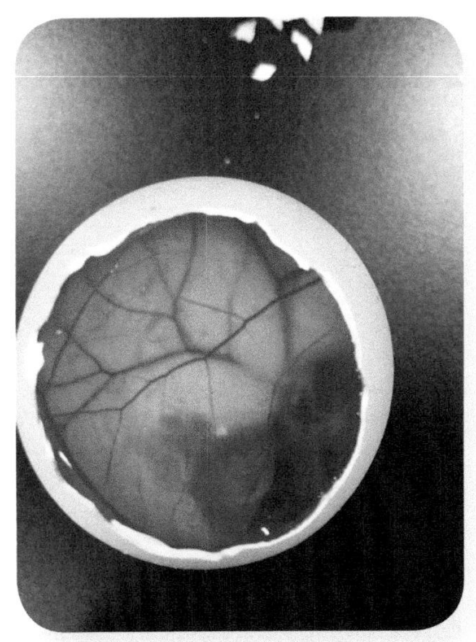
图71　9胚龄——剖视

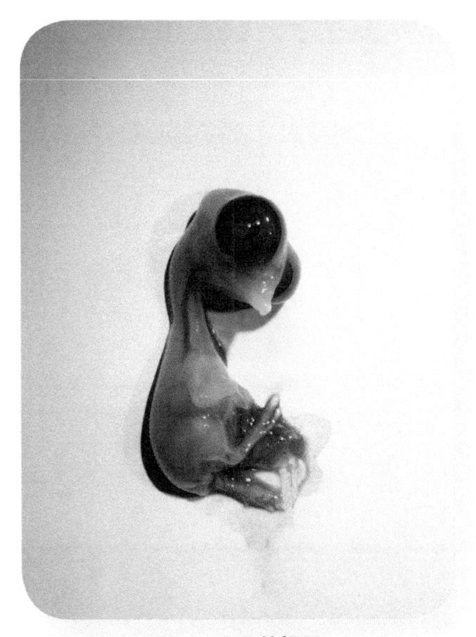
图72　9胚龄裸胚

注：同一枚胚蛋，照蛋时光源位置和强度不同，呈现的影像也会略有不同，正视时由于重力作用，胚胎位置相对靠下，见图73～图76。

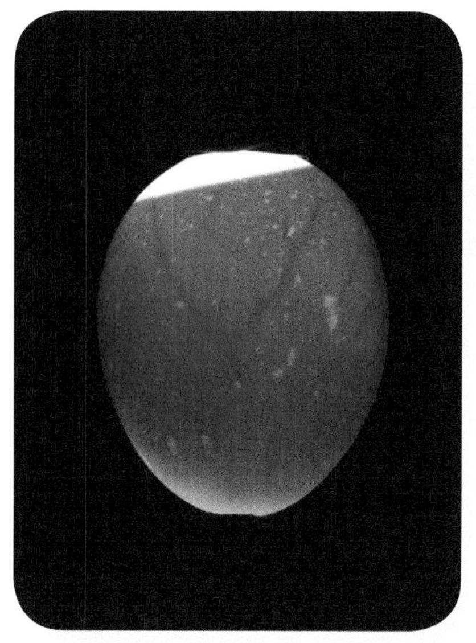

图73　9胚龄4正面——俯视

图74　9胚龄4背面——俯视

图75　9胚龄4正面——正视

图76　9胚龄4背面——正视

# 10 胚龄

照蛋时除气室外整个蛋布满血管，俗称“合拢”。正面血管比背面的粗，同一枚胚蛋俯视照蛋和竖着照蛋看到的影像基本相同，只是小头部分对光的透视程度略有不同，俯视照蛋透光度小些，见图77～图80。

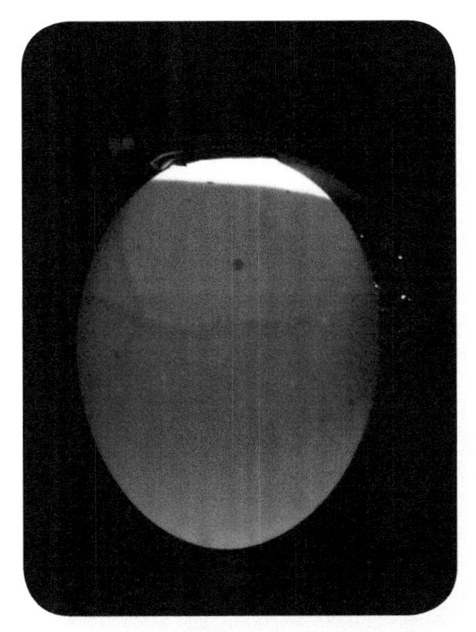

图77　10胚龄1正面——俯视

图78　10胚龄1背面——俯视

图79　10胚龄1正面——正视

图80　10胚龄1背面——正视

剖检时，尿囊在蛋的小头合拢，胚胎腿部鳞片开始形成。胚胎增长，全身覆盖的羽毛乳头更明显。喙、破壳齿、脚趾、爪清楚可见，见图81。

注1：同一枚胚蛋，由于胚胎在羊水中不停地游动，俯视照蛋和正视照蛋看到的影像略有不同，即使是同一种照蛋方式（俯视或正视）胚胎位置也会不停地变化，拍照时呈现的影像也不尽相同，见图82～图84。

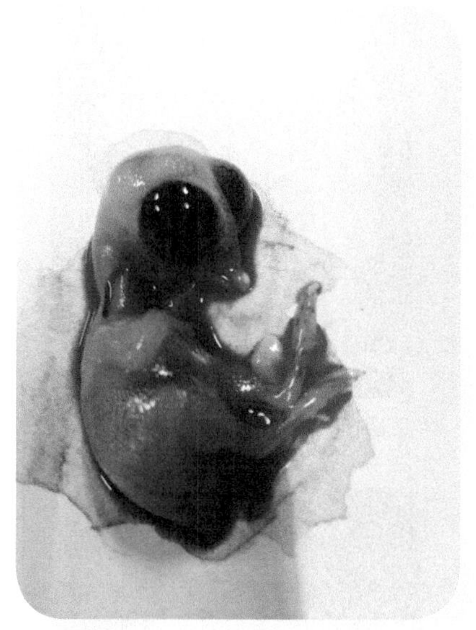

图81 10胚龄裸胚

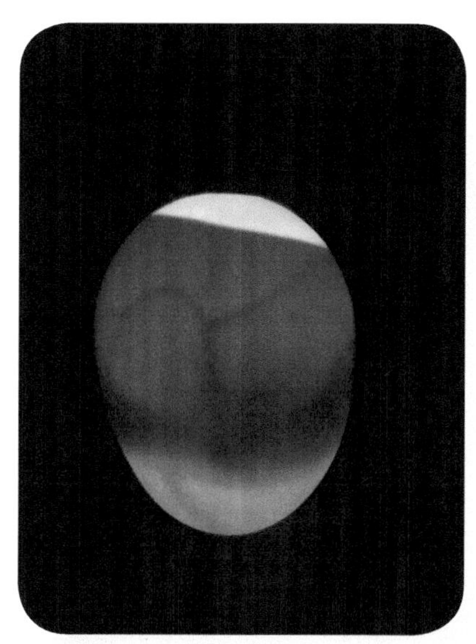

图82 10胚龄2正面——正视1

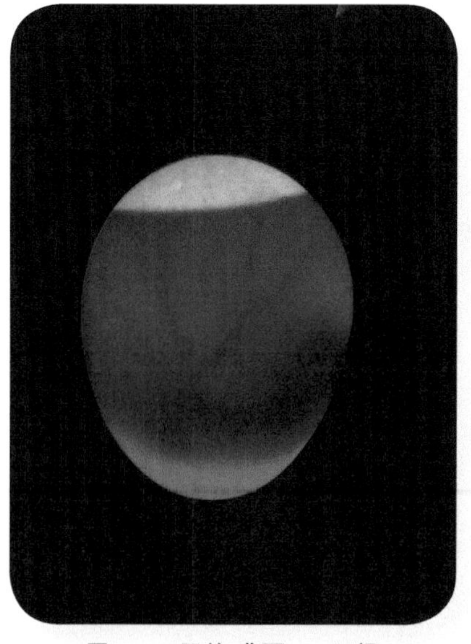

图83 10胚龄2背面——正视

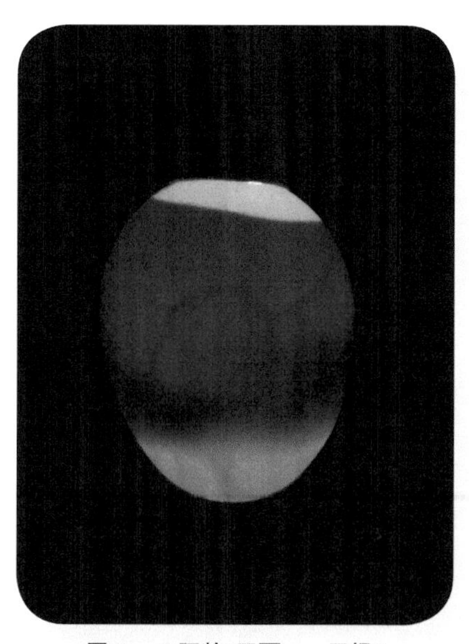

图84 10胚龄2正面——正视2

注2：由于胚胎的游动，同一枚胚蛋，不同照蛋角度看到的影像也不尽相同，图85 ~ 图89是同一枚胚蛋，图90 ~ 图94是同一枚胚蛋。

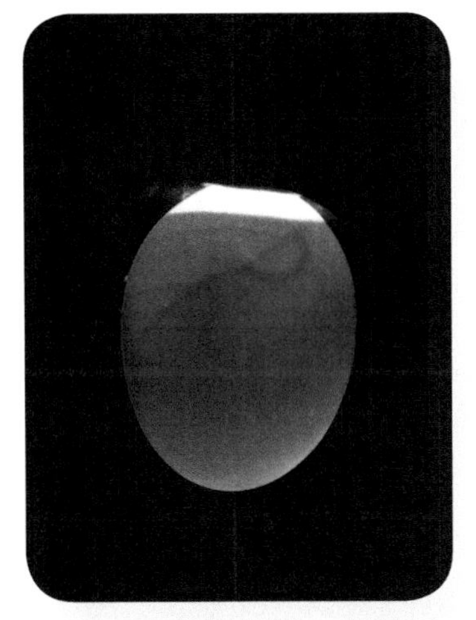

图85　10胚龄3正面——俯视1

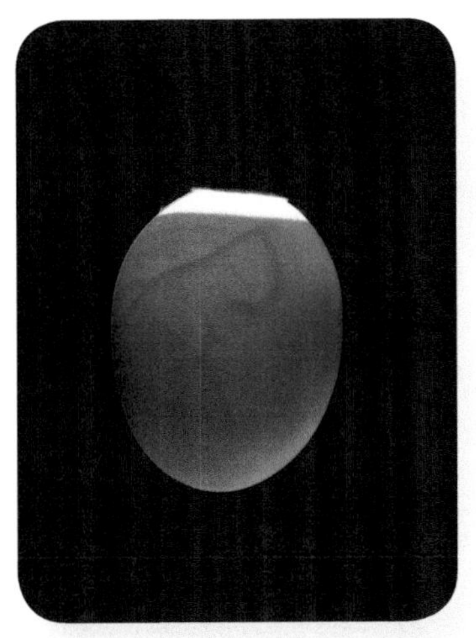

图86　10胚龄3正面——俯视2

图87　10胚龄3背面——俯视

图88　10胚龄3正面——正视

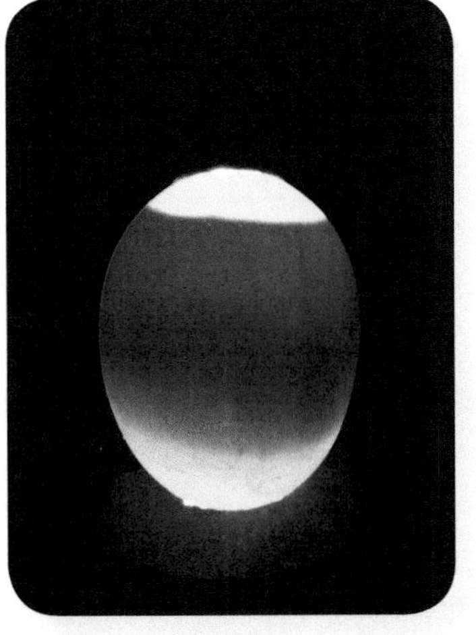

图89　10胚龄3背面——正视

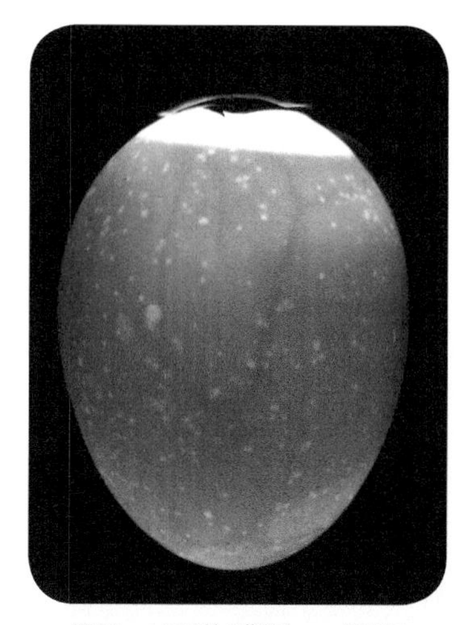

图90　10胚龄4背面——俯视1

图91　10胚龄4背面——俯视2

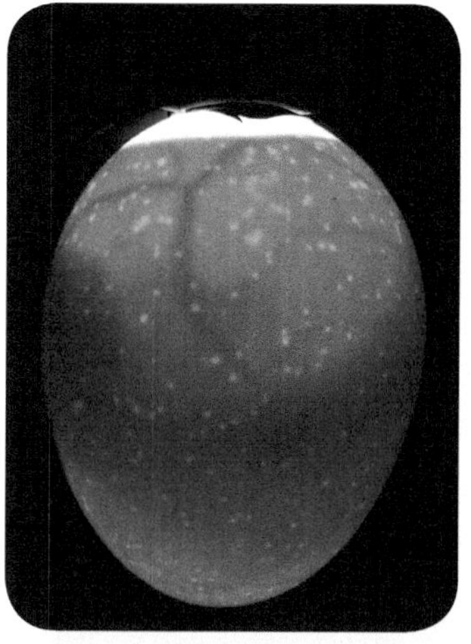

图92　10胚龄4正面——俯视1

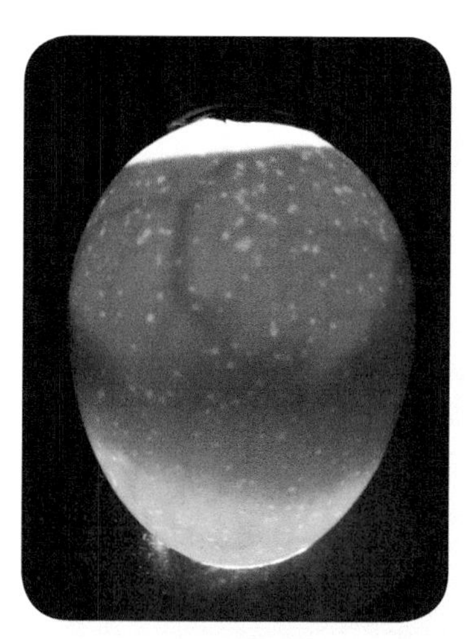

图93　10胚龄4正面——正视

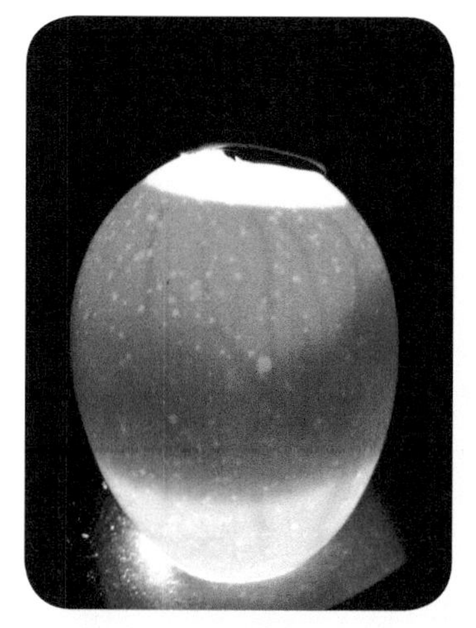

图94　10胚龄4背面——正视

## 11 胚龄

照蛋可见血管变粗，蛋小头血色加深，气室增大。剖检可见背部出现绒毛，冠出现锯齿状，见图95～图112。

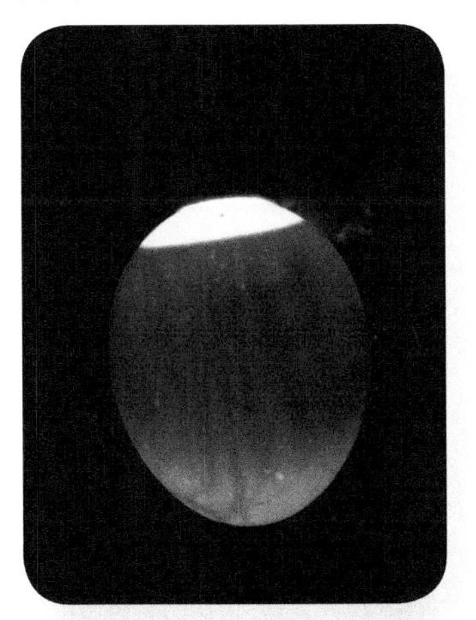

图95　11胚龄1正面——俯视

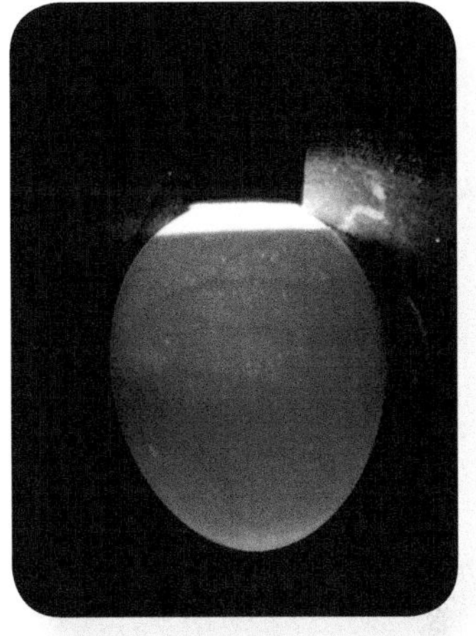

图96　11胚龄1背面——俯视

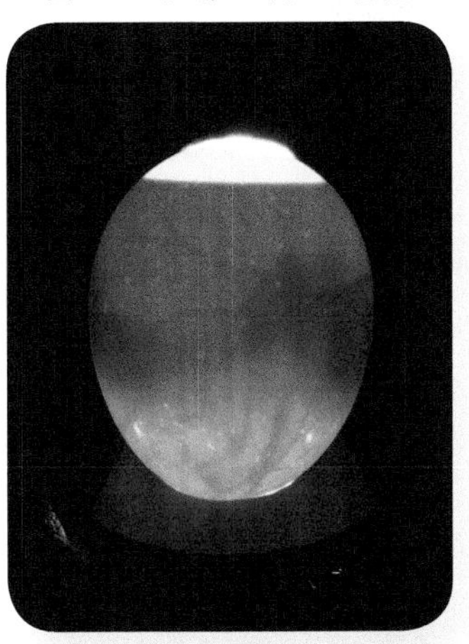

图97　11胚龄1正面——正视

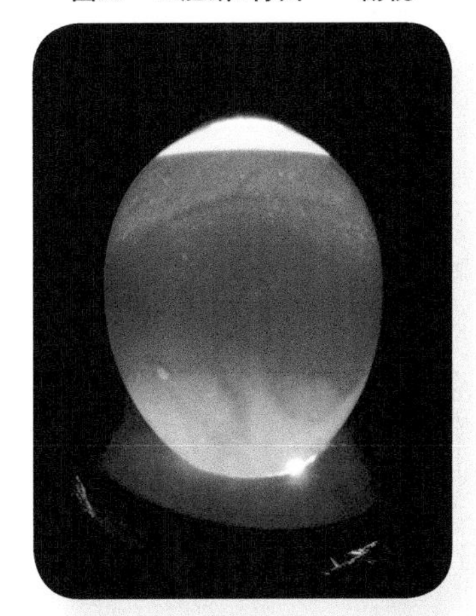

图98　11胚龄1背面——正视

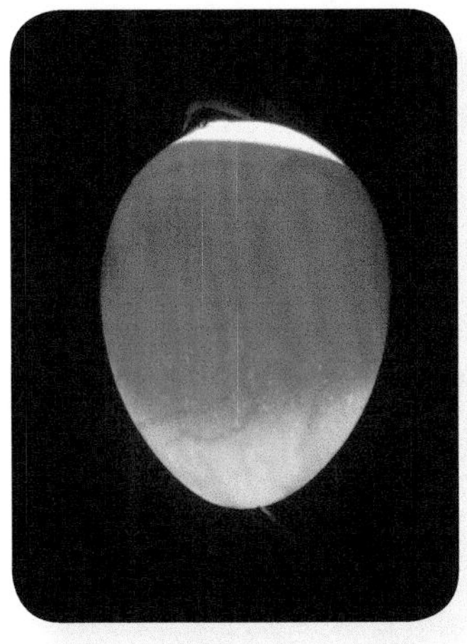

图99　11胚龄2正面——正视

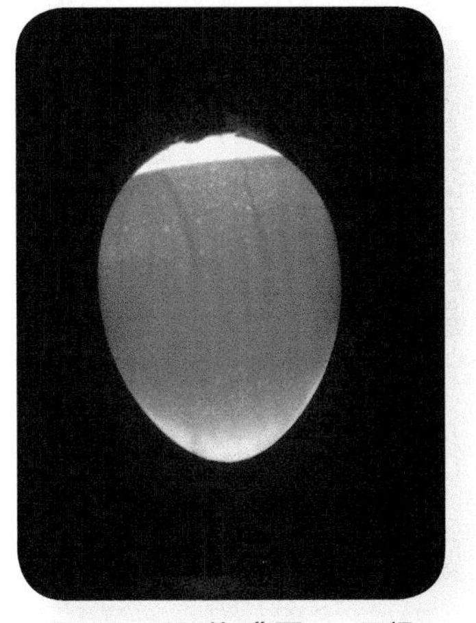

图100　11胚龄2背面——正视

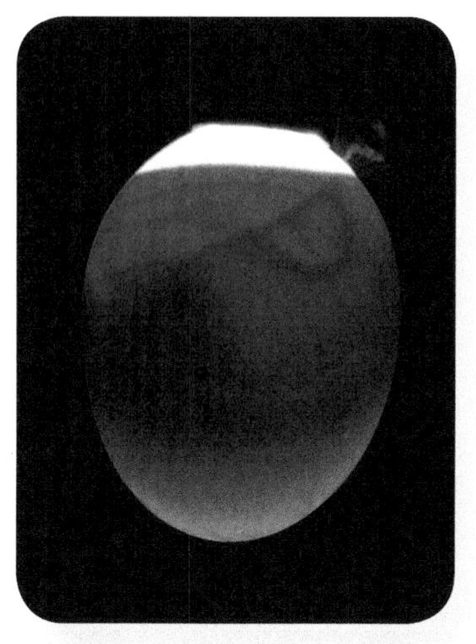

图101　11胚龄3正面——俯视

图102　11胚龄3背面——俯视

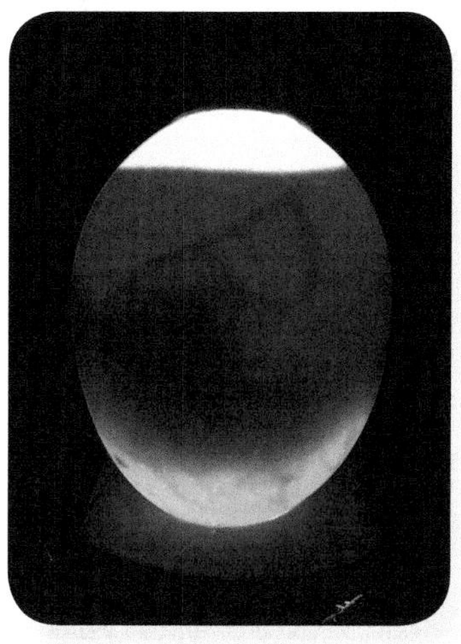

图103　11胚龄3正面——正视

图104　11胚龄3背面——正视

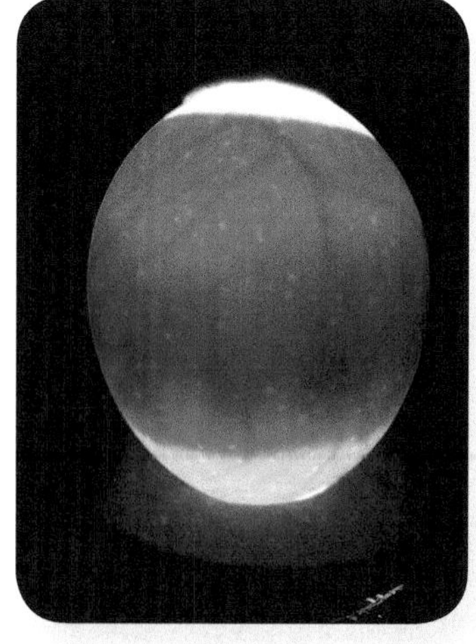

图105　11胚龄4正面——正视

图106　11胚龄4背面——正视

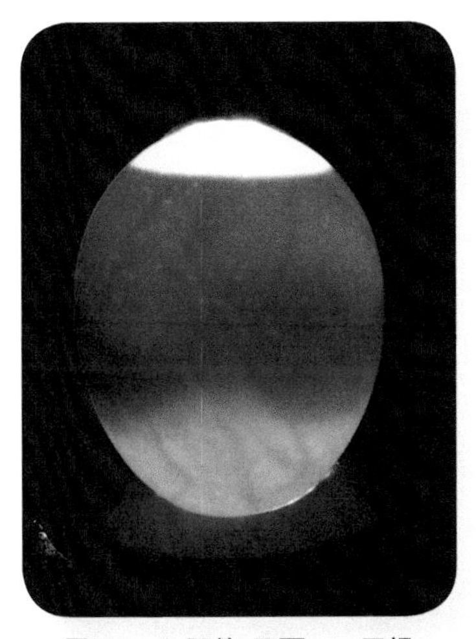
图107　11胚龄5正面——正视

图108　11胚龄5背面——正视

图109　11胚龄6正面——正视

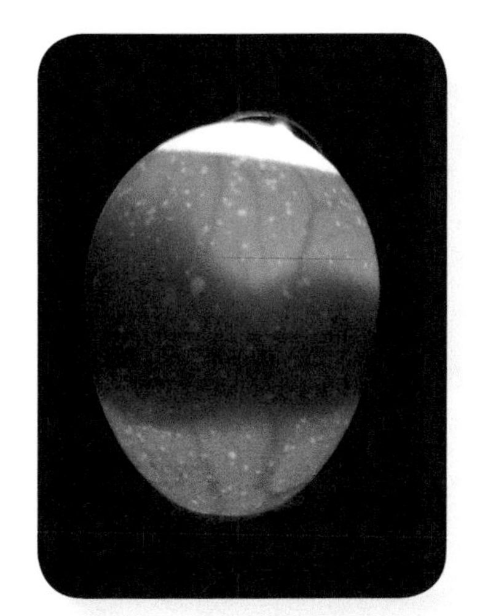
图110　11胚龄6背面——正视

图111　11胚龄裸胚1

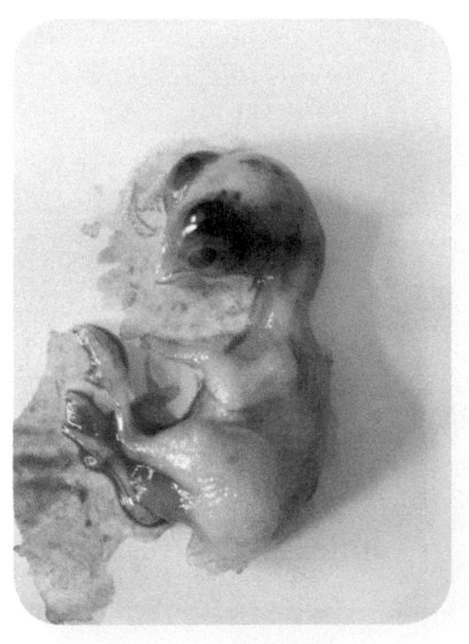
图112　11胚龄裸胚2

## 12 胚龄

照蛋可见胚蛋的正、背面血管继续变粗，蛋体透光度越来越小，尤其小头部分透光度明显减少。剖检可见身体覆盖绒羽，眼能闭合，开始用喙吞食蛋白，蛋白大部分已被吸收到羊膜腔中。裸胚进一步增长，喙、破壳齿、脚趾、爪清晰可见，见图113～图128。

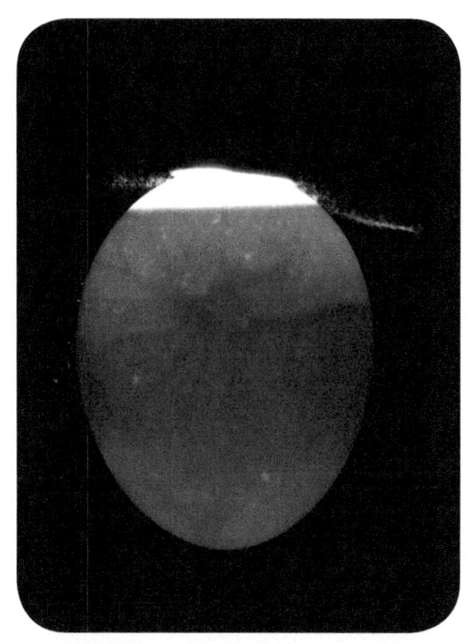

图113　12胚龄1正面——俯视

图114　12胚龄1背面——俯视

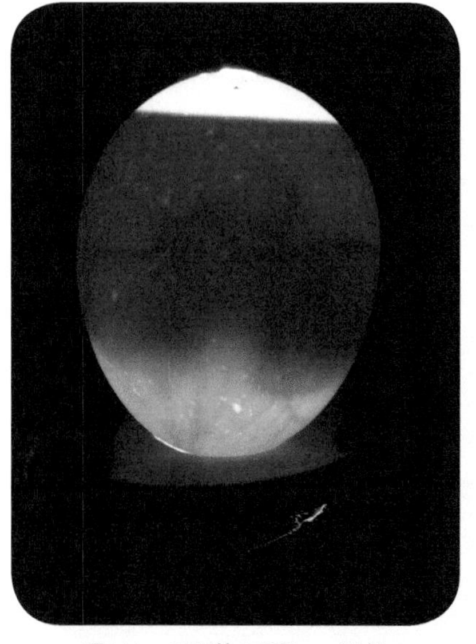

图115　12胚龄1正面——正视

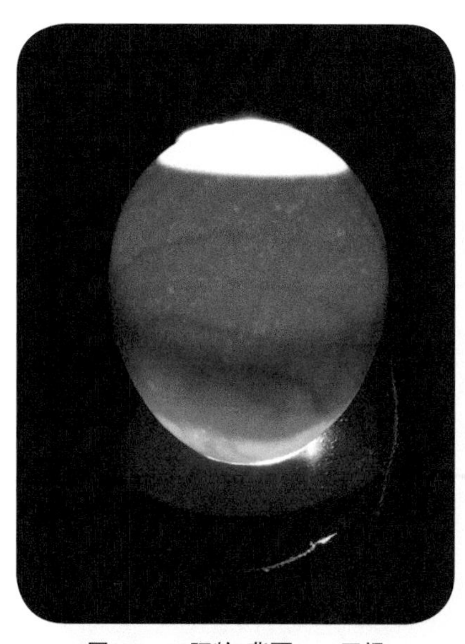

图116　12胚龄1背面——正视

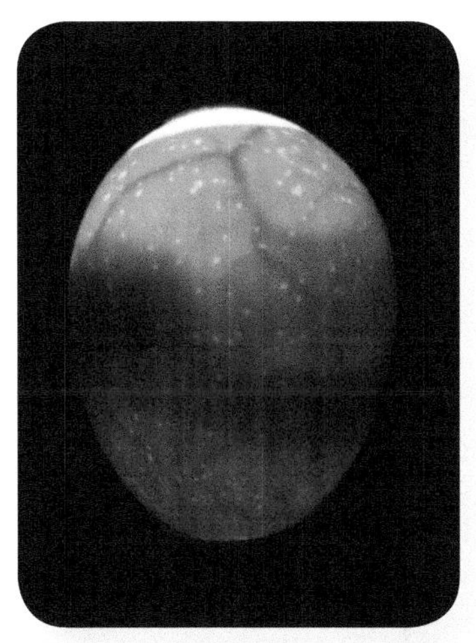

图117　12胚龄2正面——俯视

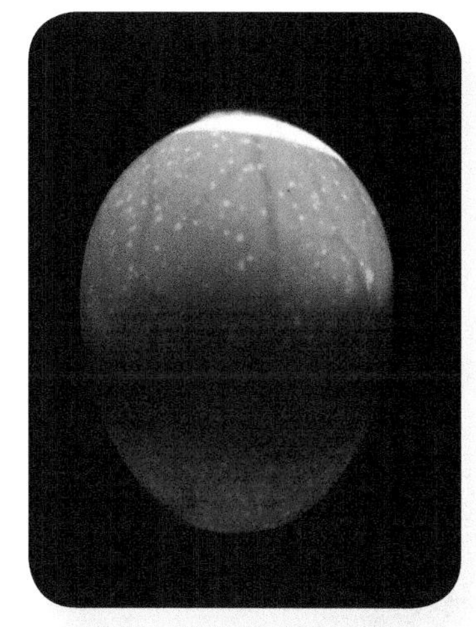

图118　12胚龄2背面——俯视

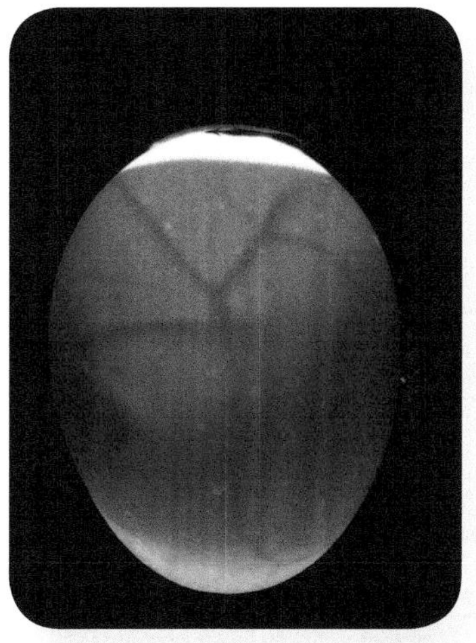

图119　12胚龄3正面——俯视

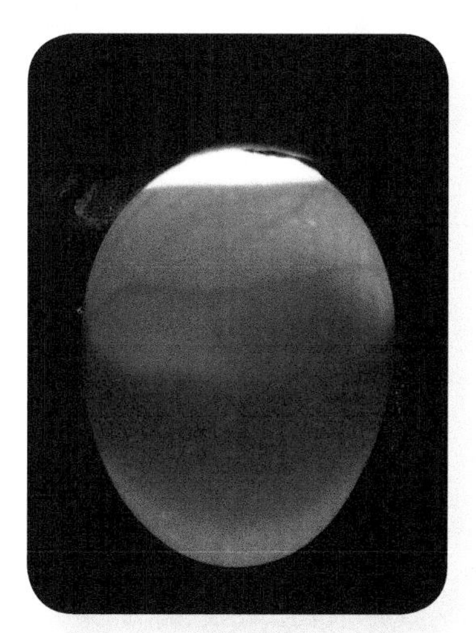

图120　12胚龄3背面——俯视

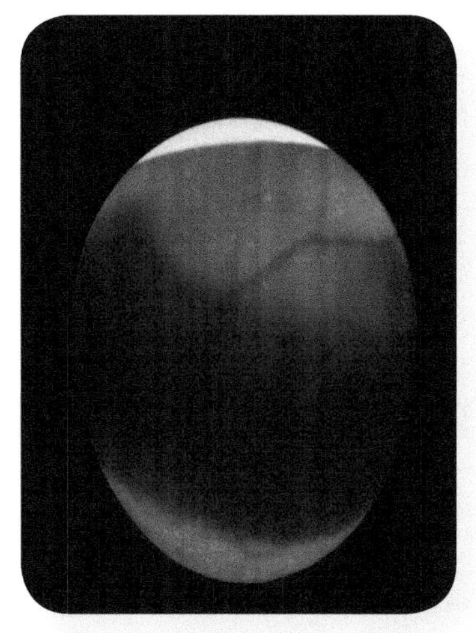

图121　12胚龄3正面——正视

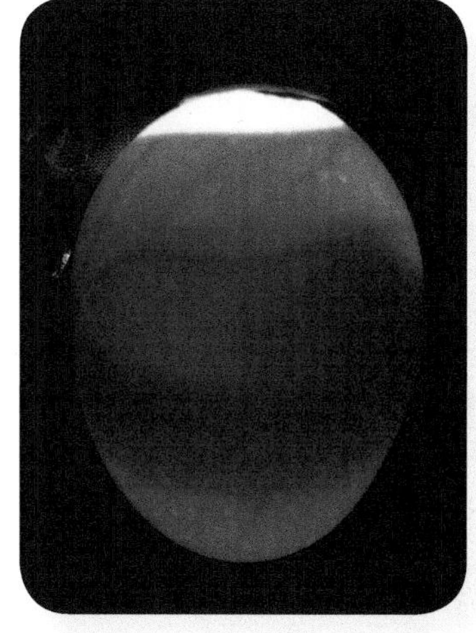

图122　12胚龄3背面——正视

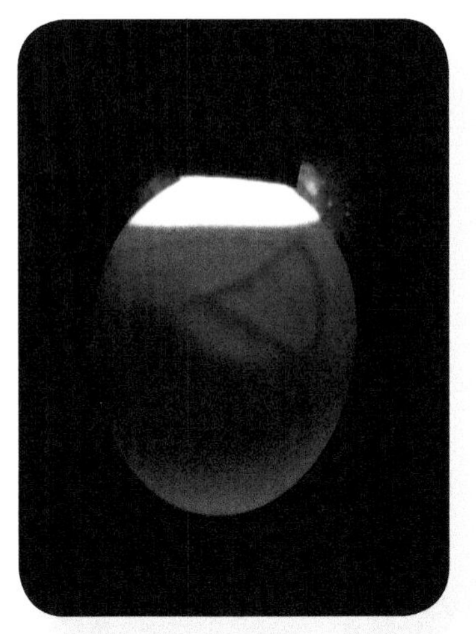

图123　12胚龄4正面——俯视

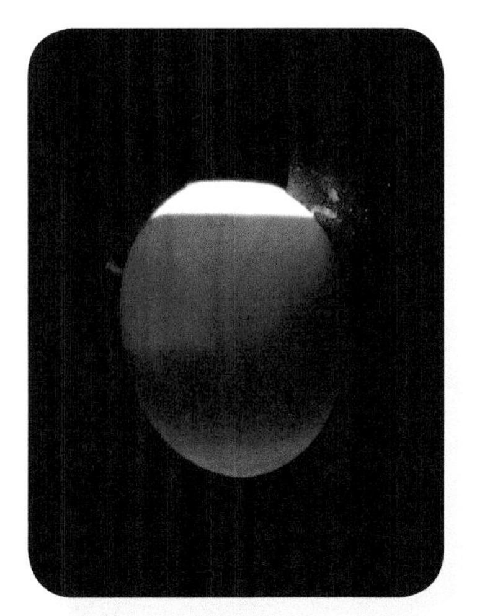

图124　12胚龄4背面——俯视

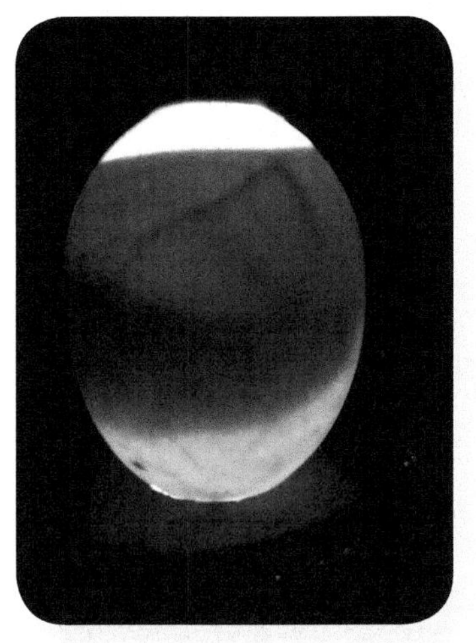

图125　12胚龄4正面——正视

图126　12胚龄4背面——正视

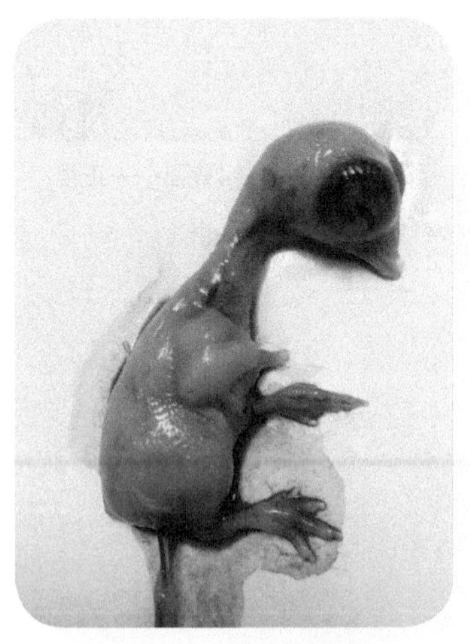

图127　12胚龄裸胚1

图128　12胚龄裸胚2

## 13 胚龄

照蛋可见，胚体阴影比12胚龄更大，而小头发亮区域比12胚龄更少，见图129～图144。剖检可见，裸胚躯体长度明显比12胚龄长，体表被毛清晰，身体和头部大部分覆盖绒毛，喙、脚、趾、爪也明显比12胚龄的长，脚上鳞片清晰，具体见图145～图146。

注：图129～图132为同一枚胚蛋；图135～图138为同一枚胚蛋；图139～图142为同一枚胚蛋。

图129　13胚龄1正面——俯视

图130　13胚龄1背面——俯视

图131　13胚龄1正面——正视

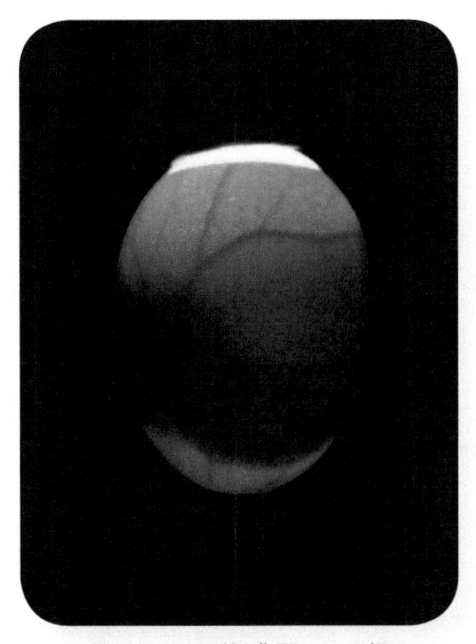

图132　13胚龄1背面——正视

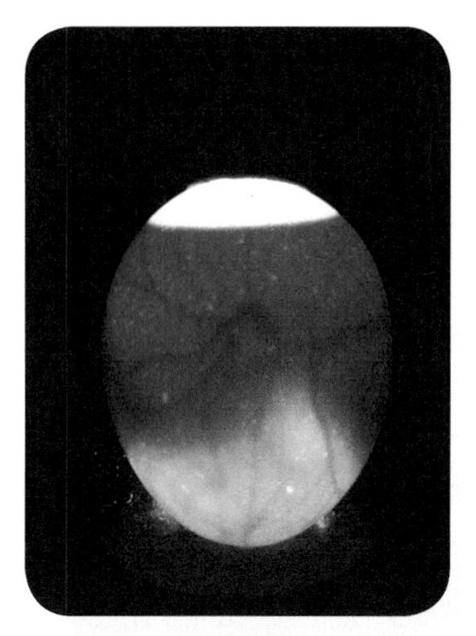

图133　13胚龄2正面——正视

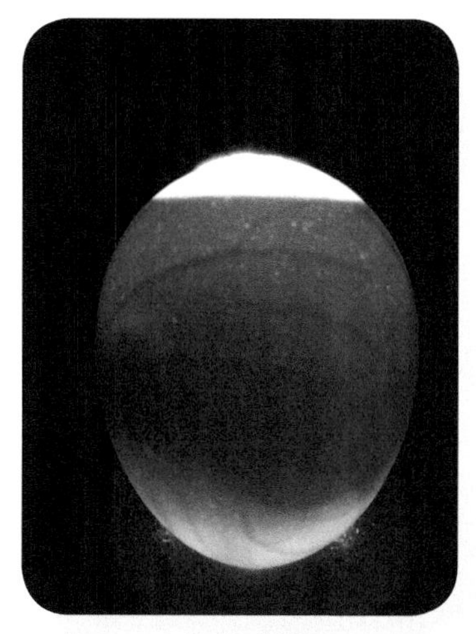

图134　13胚龄2背面——正视

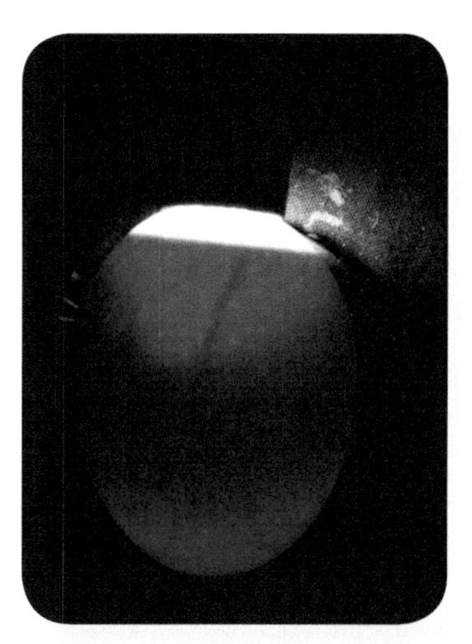

图135　13胚龄3正面——俯视

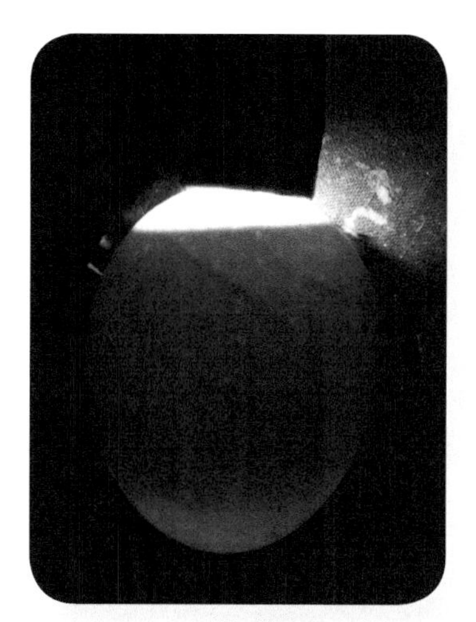

图136　13胚龄3背面——俯视

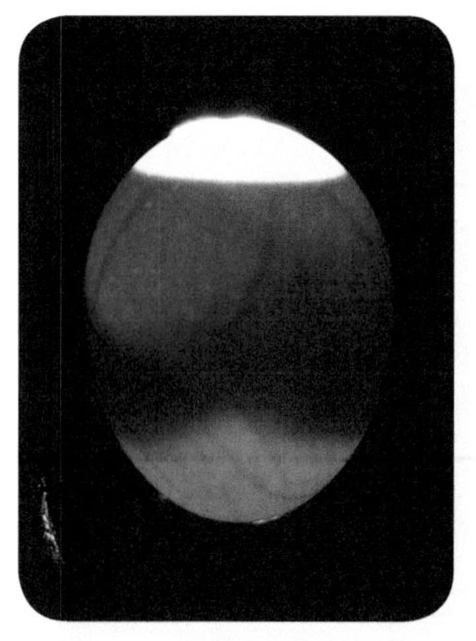

图137　13胚龄3正面——正视

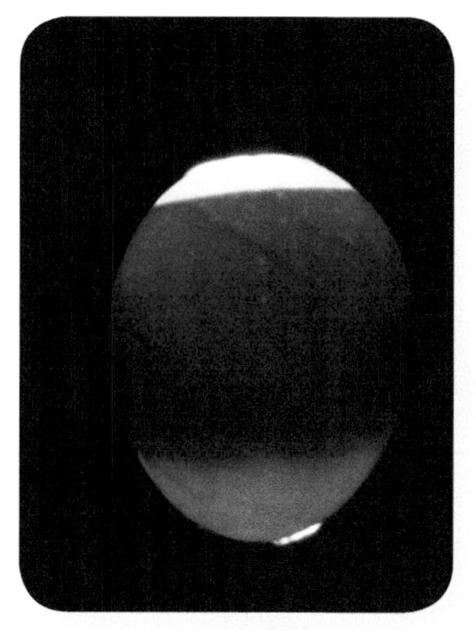

图138　13胚龄3背面——正视

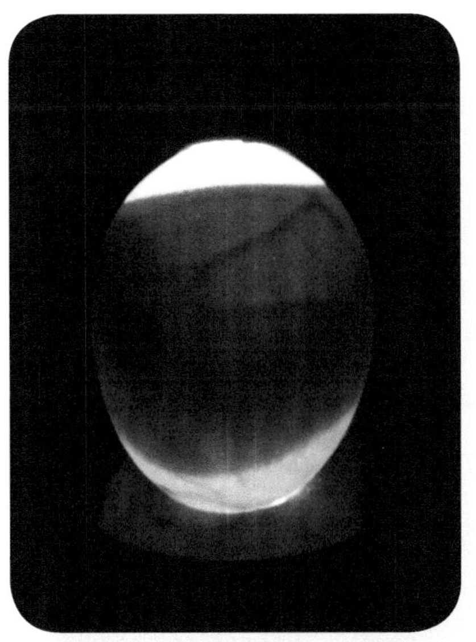
图139　13胚龄4正面——正视

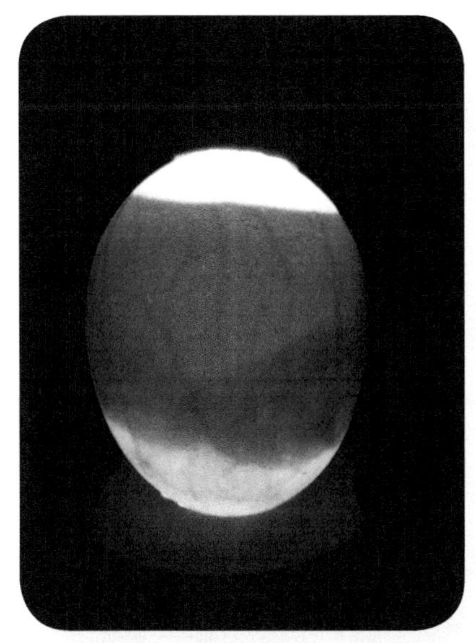
图140　13胚龄4背面——正视

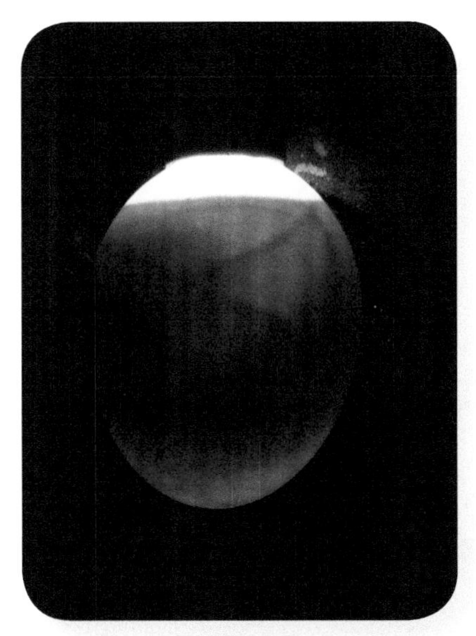
图141　13胚龄4正面——俯视

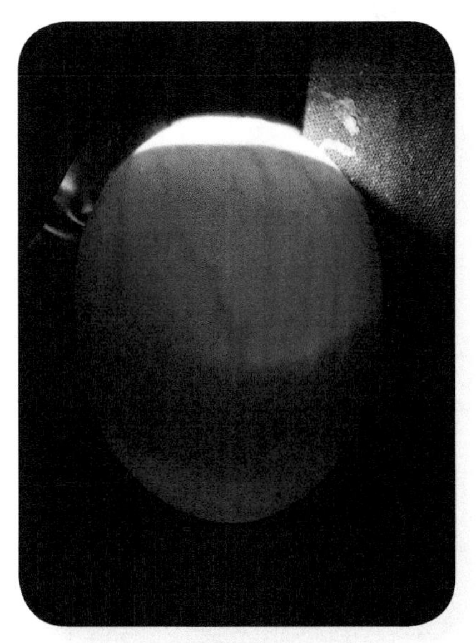
图142　13胚龄4背面——俯视

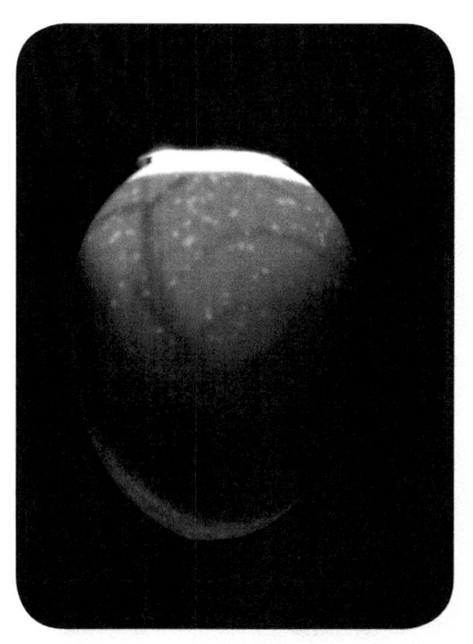

图143　13胚龄5正面——正视

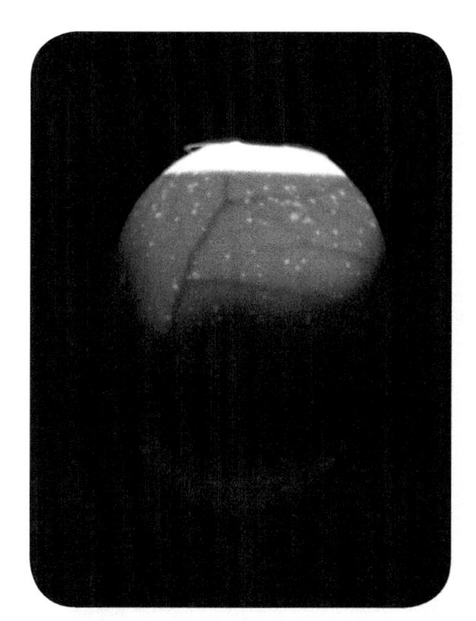

图144　13胚龄5背面——正视

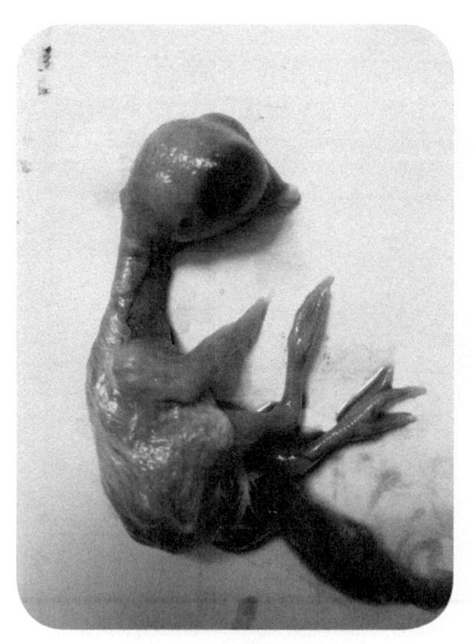

图145　13胚龄裸胚1

图146　13胚龄裸胚2

## 14 胚龄

照蛋时胚体阴影比13胚龄更黑更大，小头发亮区域明显小于13胚龄，见图147～图160。剖检可见，胚胎位置开始发生改变，躯体由原来同蛋的长轴垂直向与长轴平行转变，其头部通常朝向蛋的大头。胚胎躯体各部继续增长，全身肌肉明显比13胚龄丰满，具体见图161～图162。

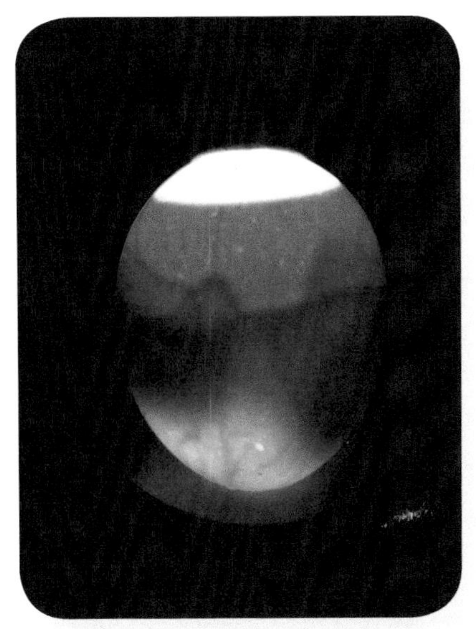

图147　14胚龄1正面——正视

图148　14胚龄1背面——正视

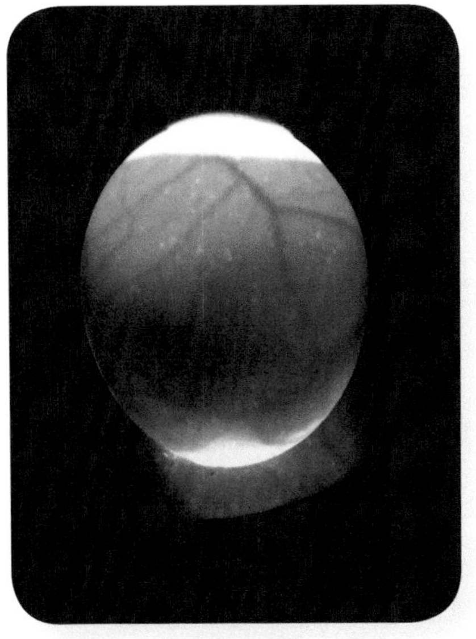

图149　14胚龄2正面——正视

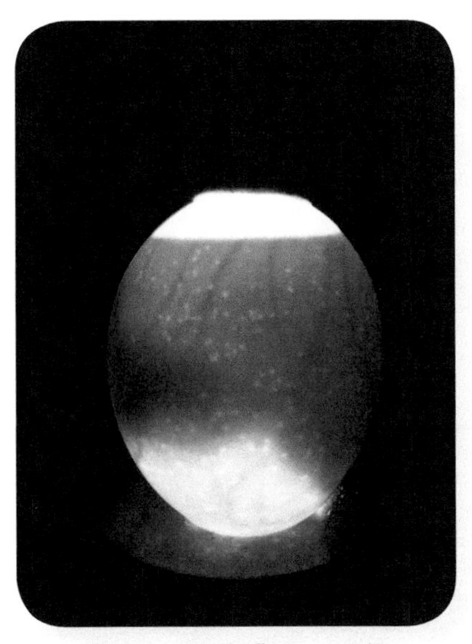

图150　14胚龄2背面——正视

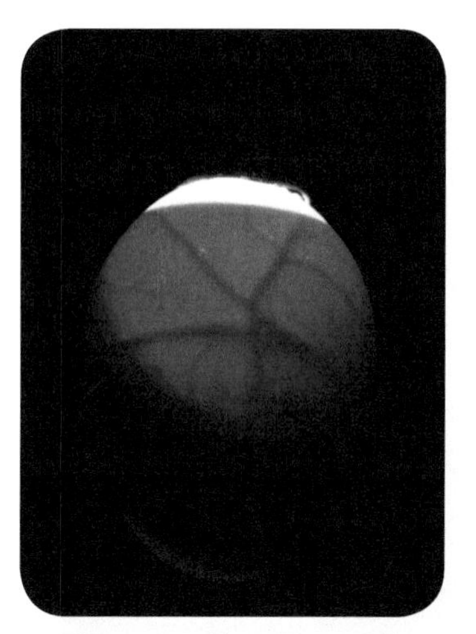
图151　14胚龄3正面——正视

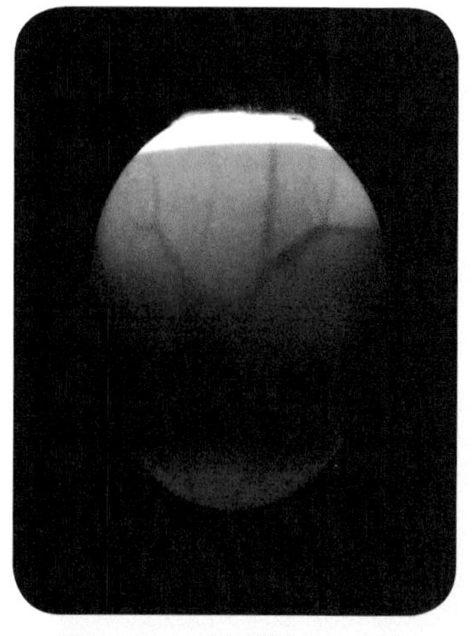
图152　14胚龄3背面——正视

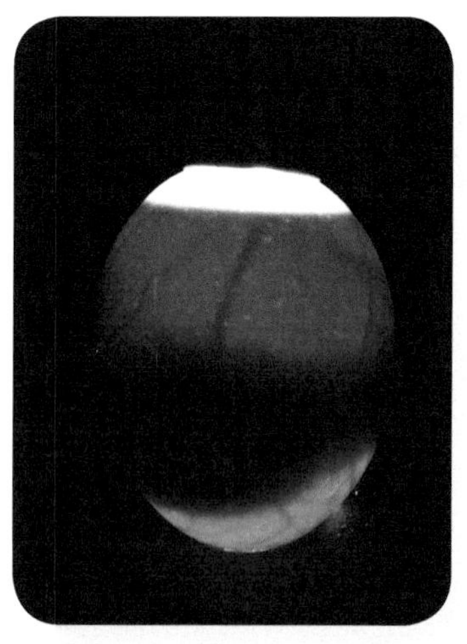
图153　14胚龄4正面——正视

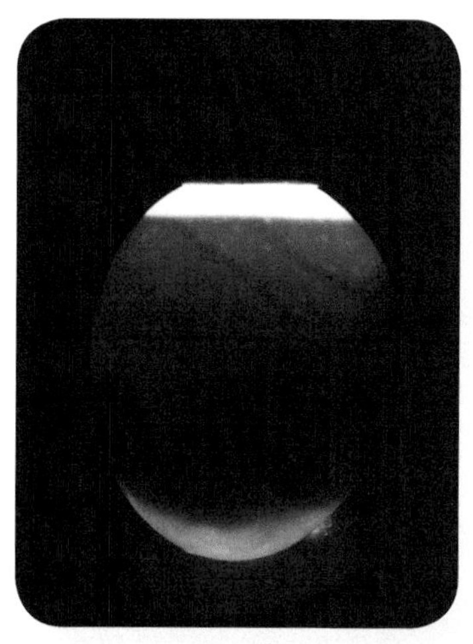
图154　14胚龄4背面——正视

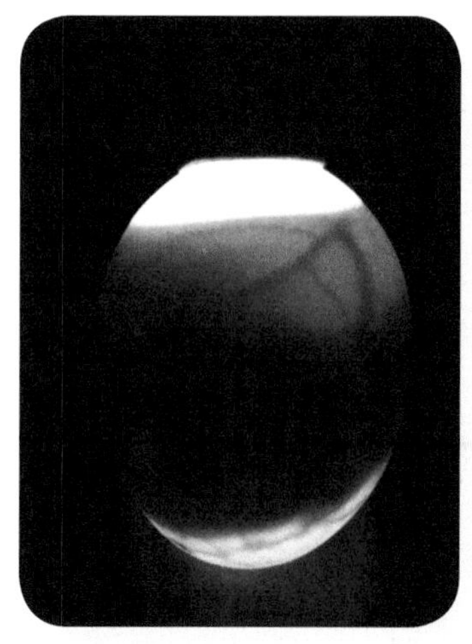
图155　14胚龄5正面——正视

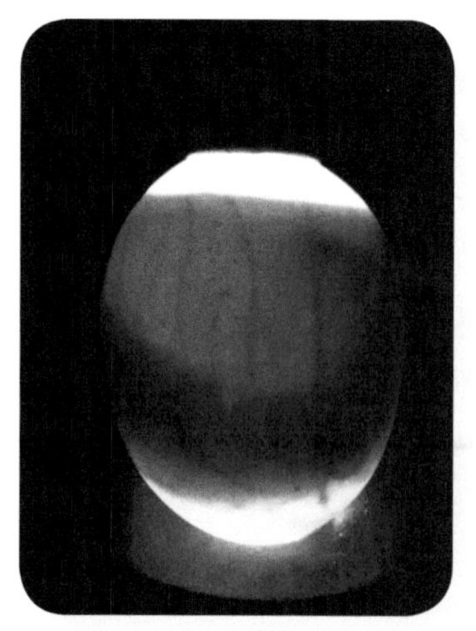
图156　14胚龄5背面——正视

图157　14胚龄6正面——正视

图158　14胚龄6背面——正视

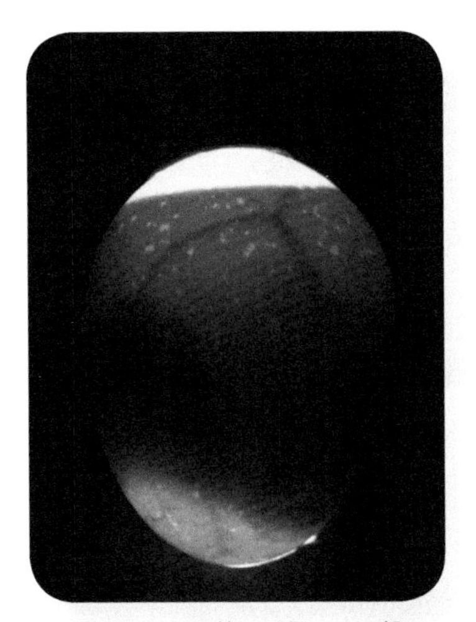

图159　14胚龄7正面——正视

图160　14胚龄7背面——正视

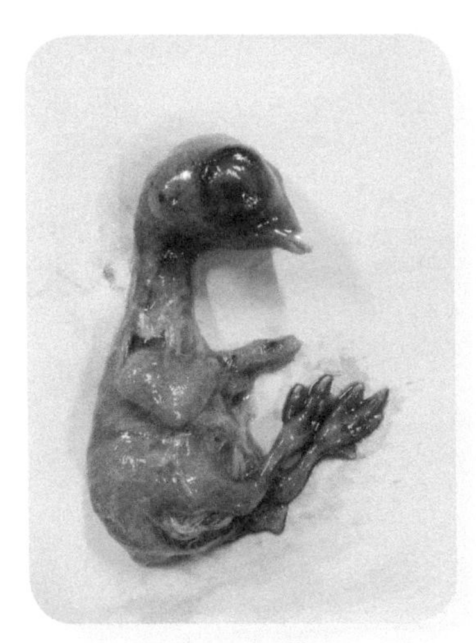

图161　14胚龄裸胚1

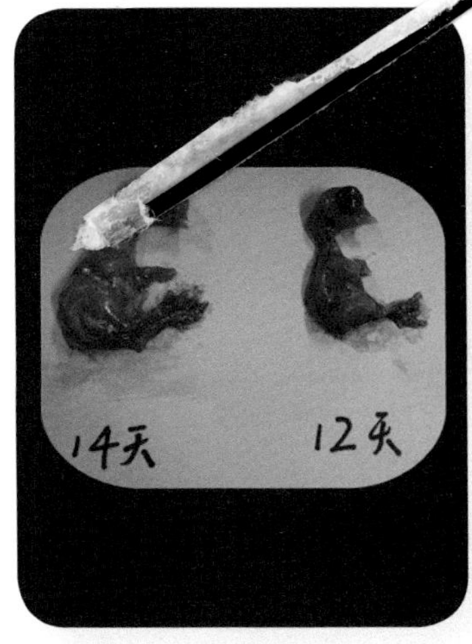


图162　14胚龄裸胚2

## 15 胚龄

俯视照蛋时几乎看不清胚胎的血管。正视照蛋观察时，气室比14胚龄大，蛋小头壳透光区域比14胚龄小，胚蛋整体比14胚龄暗，胚体黑色阴影面积比14胚龄大。剖检可见，翅已完全形成，体内大部分器官大体上都已形成，见图163～图178。

图163　15胚龄1正面——正视

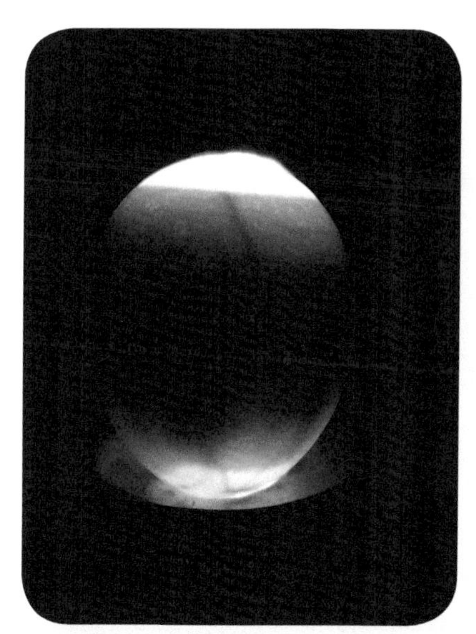

图164　15胚龄1背面——正视

图165　15胚龄2正面——正视

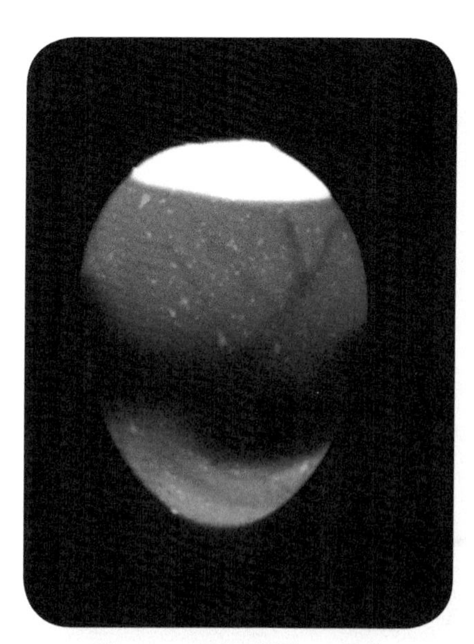

图166　15胚龄2背面——正视

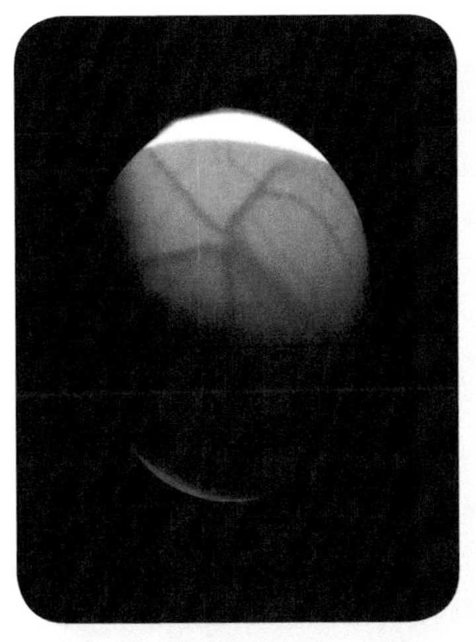

图167　15胚龄3正面——正视

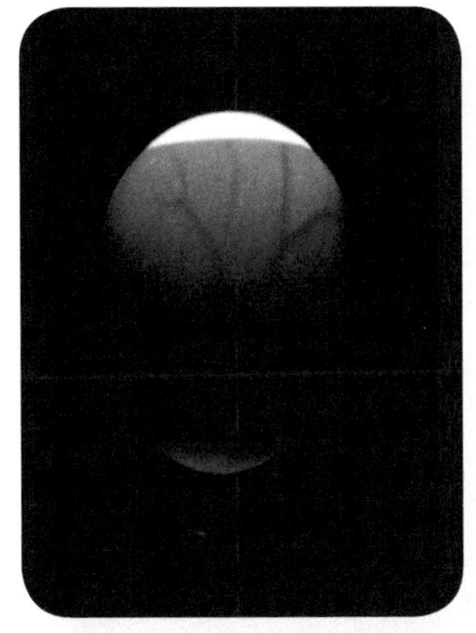

图168　15胚龄3背面——正视

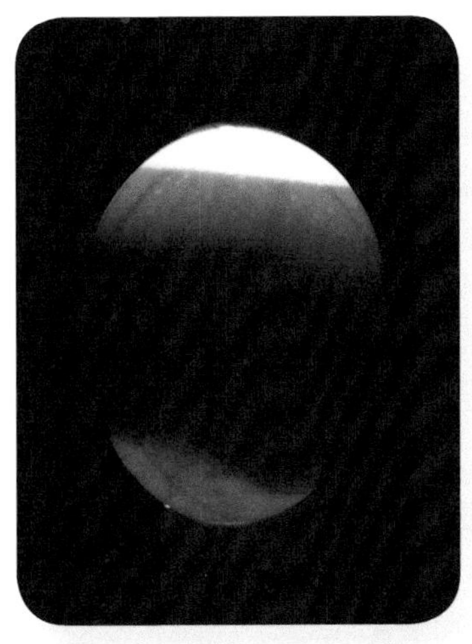

图169　15胚龄4正面——正视

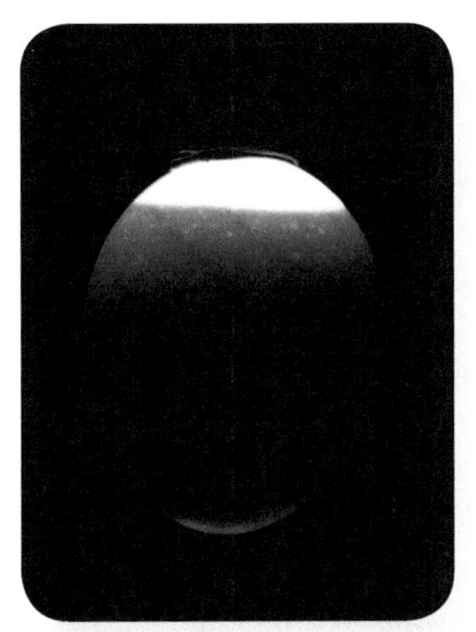

图170　15胚龄4背面——正视

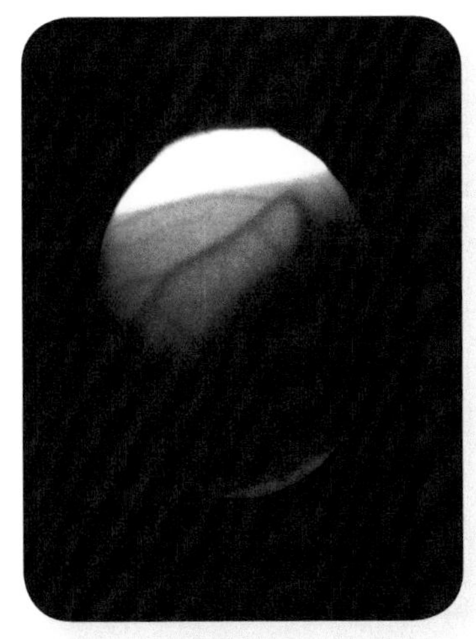

图171　15胚龄5正面——正视

图172　15胚龄5背面——正视

图173　15胚龄6正面——正视

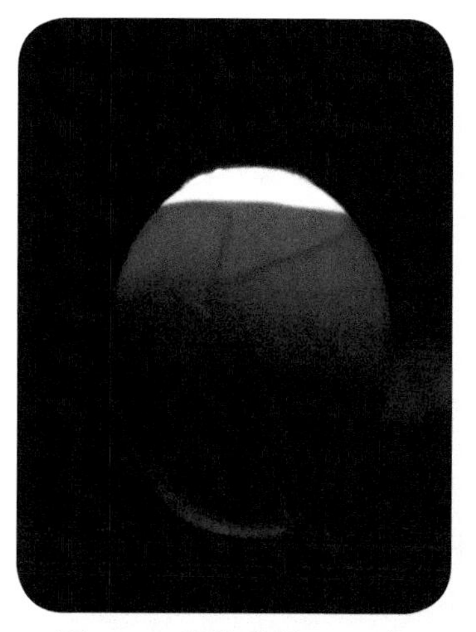

图174　15胚龄6背面——正视

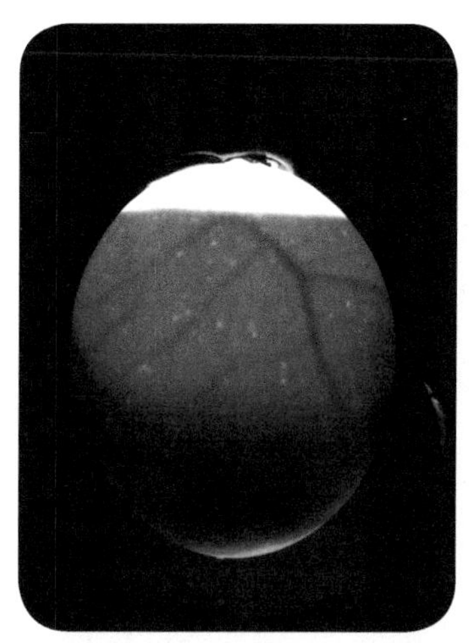

图175　15胚龄7正面——正视

图176　15胚龄7背面——正视

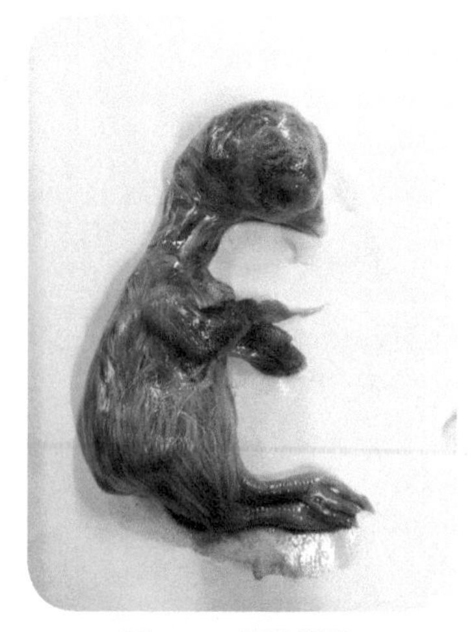

图177　15胚龄裸胚1

图178　15胚龄裸胚2

## 16 胚龄

照蛋时胚蛋总体较暗，蛋小头发亮区域比15胚龄小，胚体黑色阴影面积变大，可视血管明显比15胚龄少。剖检可见，冠和肉髯明显，蛋白几乎全被吸收到羊膜腔中，见图179～图193。

图179　16胚龄1正面——正视

图180　16胚龄1背面——正视

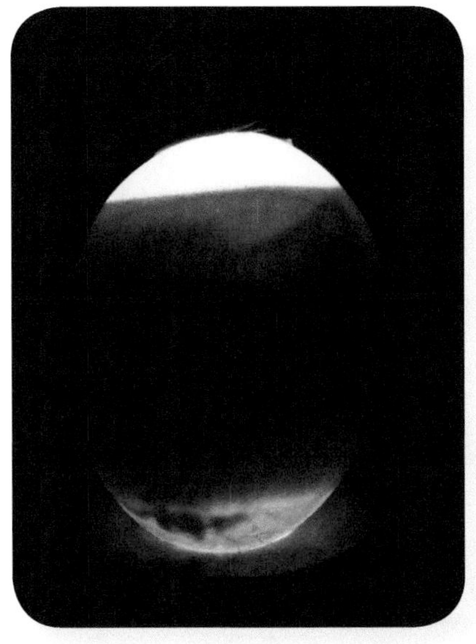
图181　16胚龄2正面——正视

图182　16胚龄2背面——正视

图183　16胚龄3正面——正视

图184　16胚龄3背面——正视

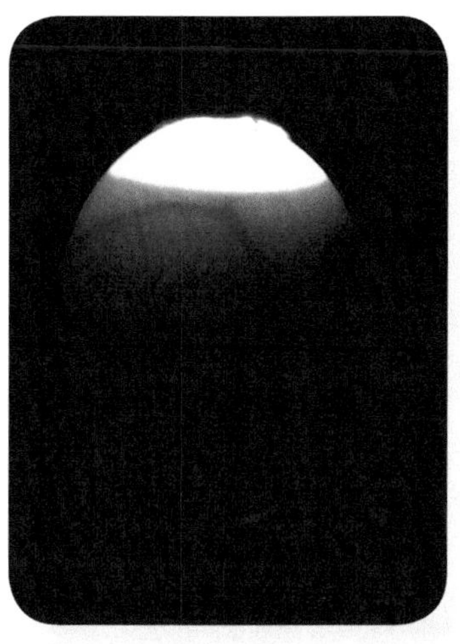

图185　16胚龄4正面——正视

图186　16胚龄4背面——正视

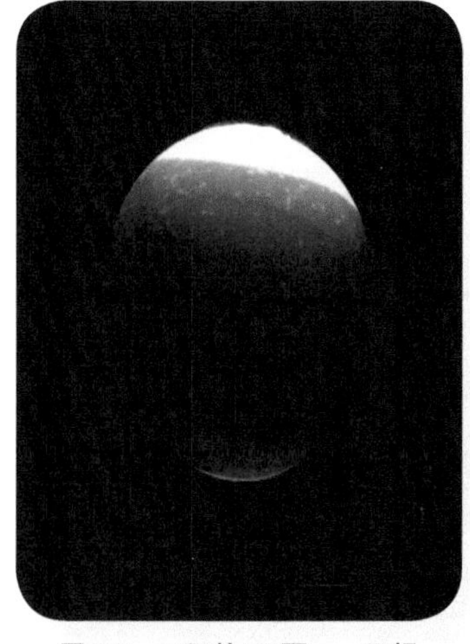

图187　16胚龄5正面——正视

图188　16胚龄5背面——正视

注：由于胚胎的游动，同一枚胚蛋，不同照蛋角度看到的影像不尽相同，图189与图190是同一枚胚蛋的正面，该胚蛋的背面是图191。

图189　16胚龄6正面——正视

图190　16胚龄7正面——正视

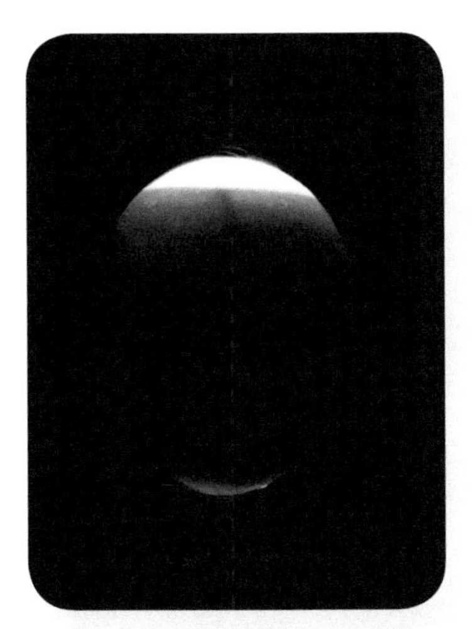

图191　16胚龄6背面——正视

图192　16胚龄裸胚1

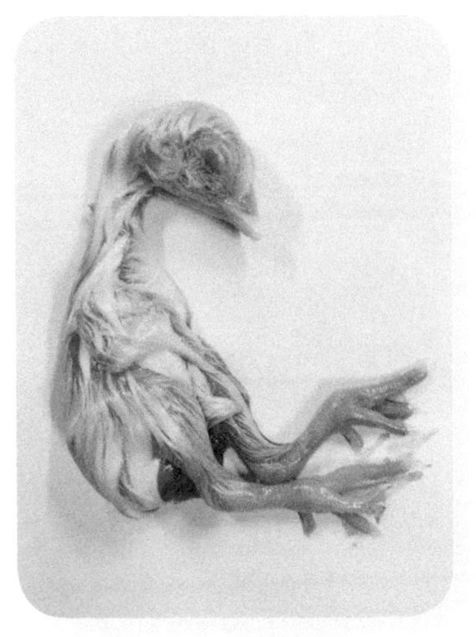

图193　16胚龄裸胚2

## 17 胚龄

照蛋时胚蛋下半部分整体发黑，蛋小头看不到发亮的部分，俗称“封门”。胚蛋上半部分可视血管区域比16胚龄小，气室继续变大。剖检可见，肺血管形成，但尚无血液循环，亦未开始肺呼吸。羊水和尿囊液开始减少，胚体躯干增大，脚、翅、胫变大，蛋白全部进入羊膜腔，见图194～图203。

图194　17胚龄1正面——正视

图195　17胚龄1背面——正视

图196　17胚龄2正面——正视

图197　17胚龄2背面——正视

图198 17胚龄3正面——正视

图199 17胚龄3背面——正视

图200 17胚龄4正面——正视

图201 17胚龄4背面——正视

图202 17胚龄裸胚1

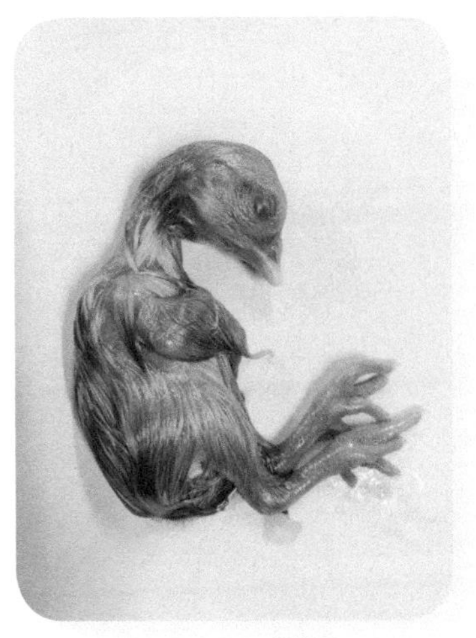

图203 17胚龄裸胚2

## 18 胚龄

照蛋时气室倾斜且扩大，俗称“斜口”或“转身”。气室下面可视血管区域的颜色比17胚龄暗，面积也比17胚龄小。剖检可见，羊水、尿囊液明显减少，头弯曲在右翅下，眼睛有的睁开，有的闭合，胚体转身，喙向气室，见图204 ~ 图213。

图204　18胚龄1正面——正视

图205　18胚龄1背面——正视

图206　18胚龄2正面——正视

图207　18胚龄2背面——正视

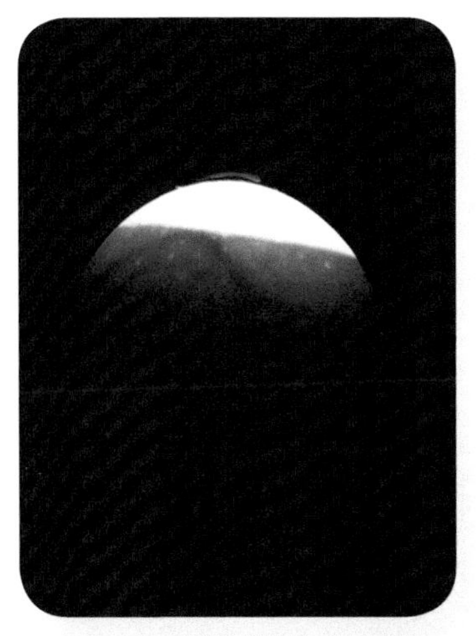
图208　18胚龄3正面——正视

图209　18胚龄3背面——正视

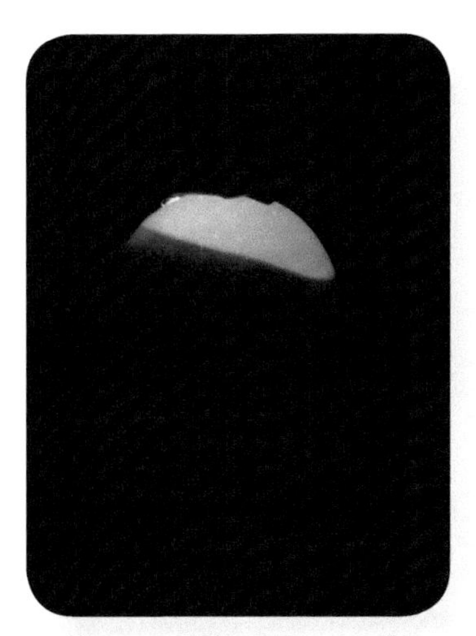
图210　18胚龄4正面——正视

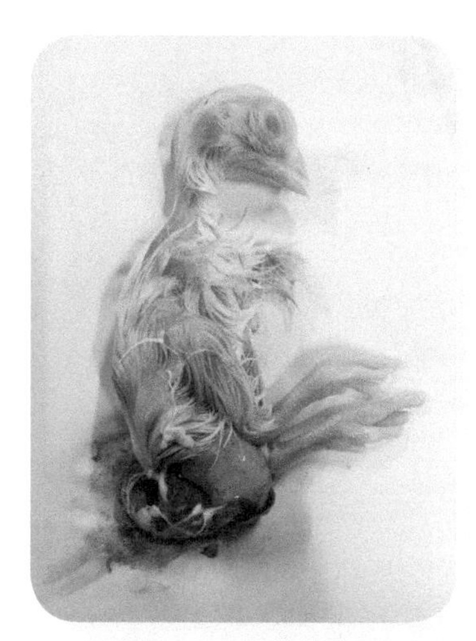
图211　18胚龄裸胚1

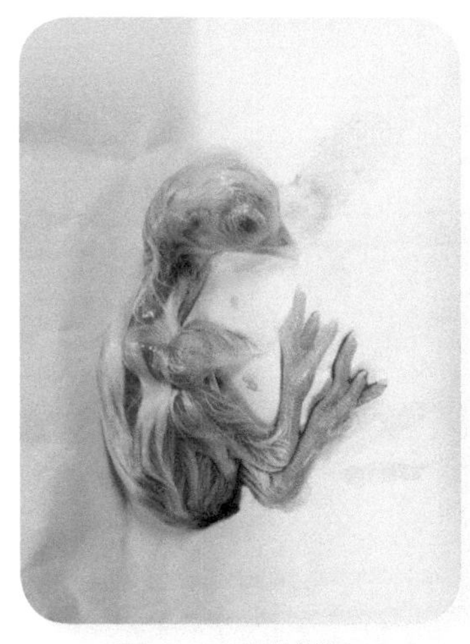
图212　18胚龄裸胚2

图213　18胚龄裸胚3

## 19 胚龄

照蛋时气室更大、更倾斜；胚体黑影进入气室，似小山丘，能闪动，俗称“闪毛”。剖检可见，蛋黄大部分进入腹腔，喙进入气室，肺开始呼吸，见图214～图217。

图214 19胚龄1正面——正视

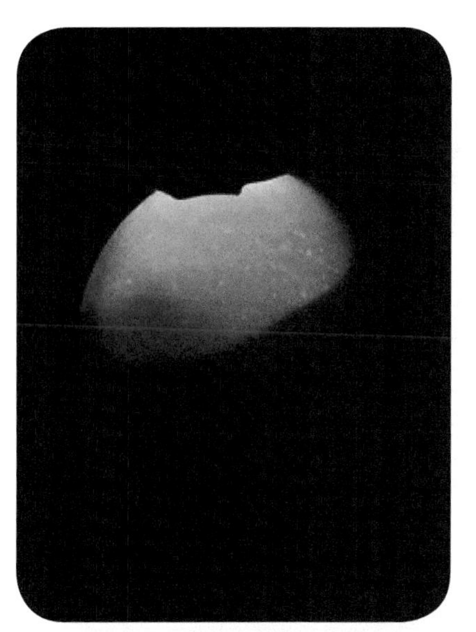

图215 19胚龄2正面——正视

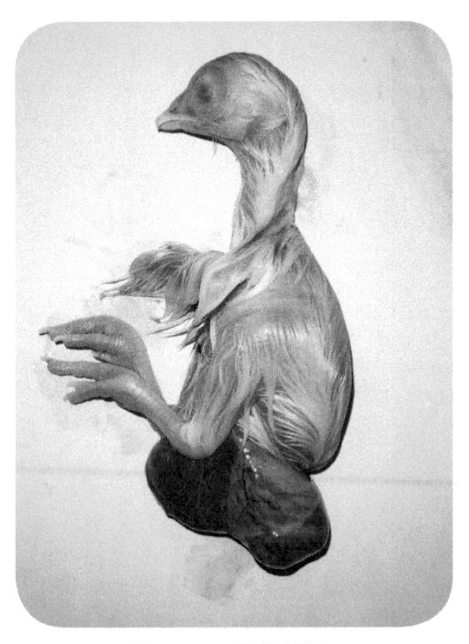

图216 19胚龄裸胚1

图217 19胚龄裸胚2

## 20 胚龄

外观蛋壳已被啄破，形成裂孔，且继而形成裂缝。剖检可见，卵黄全部吸入腹腔，尿囊血管开始枯萎、退化，见图218～图219。

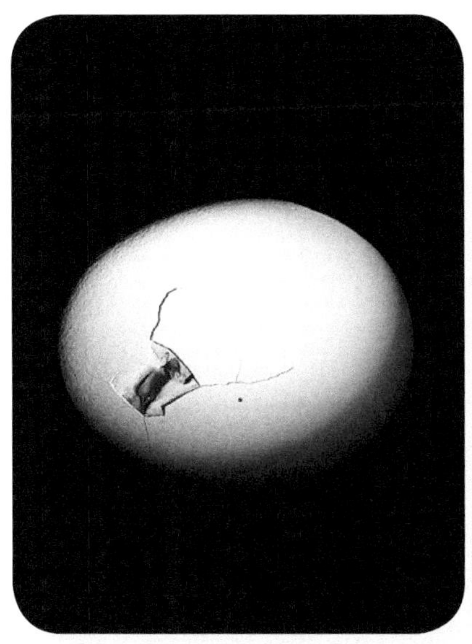

图218　20胚龄1

图219　20胚龄2

## 21 胚龄

雏鸡破壳而出，绒毛干燥蓬松，见图220 ~ 图221。

图220　21胚龄——雏鸡1

图221　21胚龄——雏鸡2

# 参考文献

[1] 赵聘，关文怡.家禽生产技术[M].北京：中国农业科学技术出版社，2012.
[2] 杨宁. 家禽生产学（第2版）[M].北京：中国农业出版社，2010.
[3] 杨宁，单崇浩，朱元照.现代养鸡生产[M].北京：中国农业大学出版社，1994.
[4] 杨山.家禽生产学[M].北京：中国农业出版社，1995.
[5] 史延平，赵月平.家禽生产技术[M].北京：化学工业出版社，2009.
[6] 丁国志，张绍秋.家禽生产技术[M].北京：中国农业大学出版社，2007.
[7] 赵聘，黄炎坤，徐英.家禽生产[M].北京：中国农业大学出版社，2015.
[8] 黄炎坤，吴健.家禽生产[M].郑州：河南科学技术出版社，2007.
[9] 邱祥聘.家禽学[M].成都：四川科学技术出版社，1993.
[10] 王晓霞.家禽孵化手册[M].北京：中国农业大学出版社，1999.
[11] 江苏畜牧兽医职业技术学院.实用养鸡大全（第3版）[M].北京：中国农业大学出版社，2011.
[12] 艾文森.蛋鸡生产（第3版）[M].北京：中国农业出版社，1999.
[13] 杨山，李辉.现代养鸡[M].北京：中国农业出版社，2001.
[14] 唐南杏.家禽孵化技术[M].上海：上海科学技术出版社，1989.
[15] 王庆民.家禽孵化与雏鸡雌雄鉴别[M].北京：金盾出版社，2001.
[16] 高玉鹏.现代孵化与育雏新技术[M].北京：中国农业出版社，2001.
[17] 由哲，周伯起.家禽孵化与早期雌雄鉴别[M].北京：科学技术文献出版社，2004.
[18] 于维，祁宏伟，陈群.禽孵化新技术问答[M].北京：金盾出版社，2012.